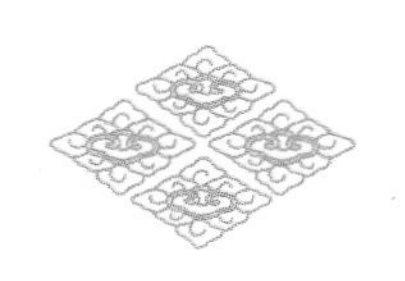

中华锦绣

2008-2009年度国家出版基金资助项目

天鹅绒

赵丰 著

苏州大学出版社
SOOCHOW UNIVERSITY PRESS

图书在版编目(CIP)数据

天鹅绒／赵丰著. —苏州：苏州大学出版社，2011.12
(中华锦绣/赵丰主编)
ISBN 978-7-81137-923-5

Ⅰ. ①天… Ⅱ. ①赵… Ⅲ. ①天鹅绒－介绍－中国 Ⅳ. ①TS106.5

中国版本图书馆 CIP 数据核字(2011)第 278458 号

中华锦绣·天鹅绒

著　　者　赵　丰
责任编辑　王晓丹
装帧设计　吴　钰
出版发行　苏州大学出版社
地　　址　苏州市十梓街 1 号
邮　　编　215006
电　　话　0512-65225020　67258815(传真)
网　　址　http://www.sudapress.com
印　　刷　扬中市印刷有限公司
开　　本　640 mm×960 mm　1/16　印张 9.5　字数 126 千
版　　次　2011 年 12 月第 1 版
　　　　　2011 年 12 月第 1 次印刷
书　　号　ISBN 978-7-81137-923-5
定　　价　27.00 元

总策划 吴培华

总主编 赵 丰

“中华锦绣”丛书编委会

总 序

锦和绣是丝绸最为华丽的两种装饰技法和效果。锦用天机抛梭织出，唐人颜师古在注《急就篇》时说："织彩为文曰锦"；绣以神针引线铺就，《周礼·考工记》曰："五彩备谓之绣"。周代的五彩只是指中国古代最为重要的赤、青、黄、黑、白五色，而到唐人的织彩则是对丰富多彩的统称了。用多色织出或是绣成的丝绸当然是绚丽多彩、耀眼夺目的，因而，世界上凡是绚丽多彩的事物皆可以用"锦绣"两字来描述。从此以后，我们的成语中就有了锦绣大地、锦绣中华、锦绣前程、锦绣河山、锦篇绣帙、锦心绣口、铺锦列绣等等，锦绣之词，琳琅满目。

2002年，苏州大学出版社组织编著《中国丝绸通史》，在一些丝绸老专家的提议下，总编辑吴培华邀我担任主编。此书在全国的丝绸历史专家及出版社编辑的共同努力下，于2005年正式出版，得到了社会各界人士的认可，获得了首届中华优秀出版物图书奖和首届中国出版政府奖等多项大奖。此后，苏州大学出版社又提出在《中国丝绸通史》的基础上再出一套简明而轻巧的普及版，于是，我们又策划、编写了这套"中华锦绣"丛书。

如果说《中国丝绸通史》是以时间为经而写成的，从古至今，把华夏五千年的文明史划分为十段，依照年代细细叙来，那么这套"中华锦绣"则是以空间作纬，按地域分民族，针对丝绸的各种著名品种的生产历史、传统工艺、主要种类、艺术风格以及文化现象等，娓娓道来。我们选择了包括刺绣、缂丝、毡毯、印染、绫绢等不同的品种作为对象，并邀请了全国各地的专家进行实地调查研究写成，前后分成若干辑陆续出版，首先推出的第一辑共计八个品种，分别是南京云锦、杭州像景、缂丝、吴地苏绣、贵州蜡染、新疆地毯、顾绣、浙南夹缬，并荣获第三届“中华优秀出版物（图书）奖”提名奖；2011 年，我们推出了第二辑，分别是浙罗、天鹅绒、蜀锦、黎锦、宋锦、蓝印花布、和田艾德莱斯以及吴绫。

“中华锦绣”丛书和《中国丝绸通史》还有一个很大的区别。在《中国丝绸通史》的编写中，我们是以考古发现或传世实物、历史文献和历代图像及其照片为依据的；而在“中华锦绣”丛书中，我们更为注重的是传承至今的纺织染绣的传统工艺，虽然以丝绸为主，但也包括棉、毛、麻、丝各类，虽然以汉族为主，但更注重中华各民族共同创造的纺织品种。

在 2008—2009 年中，“中国蚕桑丝织技艺”成功地列入了人类非物质文物遗产代表作名录，这里的蚕桑丝织就是中华锦绣的同义词，就是中国纺织染绣的代表作，就是中国丝绸文明和纺织文化的象征物。由此，我们藉新编的“中华锦绣”丛书，结合已经出版的《中国丝绸通史》，一纵一横，一动一静，希望以此来构建中华文明和丝绸纺织文化的一个立体形象，达到弘扬我中华民族优秀文化传统的目的。

赵　丰

目　录

前 言

在为本书定名时，我心中一直有些迟疑不决。天鹅绒织物在纺织品种分类中是一个统一的名词，英文中称为 velvet〔1〕，但在中国却一直被称为漳绒和漳缎，它们分别代表着天鹅绒中的两个品种大类，却不能包括所有的绒类织物。与此同时，天鹅绒在苏州只是对某一类雕花漳缎的称呼，比漳绒的范围更小。所以，直到目前为止，并无一个较为合适的词来统领所有的绒类织物。同时，漳绒和漳缎中的"漳"字，是个地名，因为其最初产于漳州而得名，而事实上，漳州现在已经不产天鹅绒，天鹅绒的主产地是江苏的南京、苏州一带。考虑到多种因素，最后我决定还是把本书的书名定为天鹅绒，一则因为它是中国最早出现的对绒织物的称呼，二是迄今为止，除苏州之外，它还可以与 velvet 的总类对译，可以同时代表漳绒和漳缎两个大类。

关于中国天鹅绒的研究，国外的研究相对较为成熟。据目前所掌握的材料看，对于中国古代绒织物的研究以加拿大的柏恩汉（D. Burnham）所做工作最为详细。柏恩汉曾是加拿大皇家安大略博物馆（Royal Ontario Museum，简称 ROM）的纺织品研究员，于 1958 年对该馆

〔1〕 Vocabulary of Technical Terms, Fabrics. Publications de CIETA, Lyon, 2006.

所藏明代绒地刺绣龙袍袍料作了仔细的研究，并于1959年出版了《中国绒织物的技术研究》一书[1]。书中主要就明代在东方和中国生活的西方商人及传教士的记录，对当时绒织物的生产和历史作了考证，并对其技术特点进行了归纳，明确了同一时期东方天鹅绒和西方天鹅绒的技术区别。根据意大利传教士利玛窦在1592年11月15日从广东韶州写给他父亲的信中提到的“只是在最近几年，当地一直在生产天鹅绒，并已做得非常不错”，柏恩汉得出结论，中国的起绒织物要到16世纪90年代后才开始生产。另外，在比较了大量中国传世的明代绒织物与西班牙同一时期绒织物后，柏恩汉又认为，中国的绒织物生产技术来源于西班牙。

至今为止，柏恩汉的这一观点在西方一直占有主导地位，很多学者据此来区别明代西方收藏中的中国产天鹅绒。近年，又有日本的吉田雅子在探寻中国出土丝织品的过程中发现了大量的明代绒织物，并据此进行了大量的研究，其中部分成果发表于《中国绒的形成：基于地方志上用语变迁的研究》和《庆长遣欧使带回的祭服》两篇文章中[2]。

与此相比，中国国内的同类研究起步稍晚。20世纪60年代，定陵孝靖后棺内出土物中有两件由双面绒织物制成的女衣，一件是黄双面绒绣龙方补方领女夹衣（J82:2），另一件是红双面绒绣龙凤方补方领女夹衣（J90:3）。两件双面绒夹衣色彩不一，但结构相同，它们

---

〔1〕 Harold B. Burnham. Chinese velvet, Occasional Paper 2, Art and Archaeology Division, Royal Ontario Museum, Toronto, The University of Toronto Press, 1959.

〔2〕 吉田雅子:《中国におけるベルベッドの形成——地方志等における用语の变迁を通して》，帝冢山短期大学织物文化研究会会志《はた》1998年，第5号，第35～47页;《庆长遣欧使节请来の祭服に关して》，东京国立博物馆:Museum，1998年第552号，第57～75页。

的出土，引起了文物界和纺织史界的极大关注。北京纺织科学研究所刘柏茂和罗瑞林对这两件双面绒夹衣进行了分析研究，认为它们以平纹地为基本组织，绒经作V形固结，双面均有剪绒，并认为由双面起毛杆一上一下起绒织成〔1〕。1982年，赵承泽先生发表《关于我国古代起绒丝织物的几个问题》，主要从文字考证的角度讨论了几个问题，基本没有涉及明代绒织物的问题〔2〕。后来，赵承泽先生又在其《中国科学技术史·纺织卷》中深化了对这一研究的阐述〔3〕。1985年，包铭新发表《我国明清时期的起绒丝织物》，这是一篇以文物分析为主并结合史料的讨论明清绒织物的论文，所论不仅包括绒类织物，而且还包括丝毯等生产技术，文后附有织物分析表，包铭新在文中也曾对定陵出土双面绒的织造方法进行了讨论，认为其可能是用结合了双层起绒法和杆织法的工艺生产的〔4〕。这几篇文章尽管讨论的主题和范围不同，但有一点共识是：中国自己发明了绒的织造方法，而且早于1592年。

我对中国起绒织物的关注开始于1999年。当时，我获得了加拿大多伦多皇家安大略博物馆的基金并赴该馆进行客座研究，研究的主题就是中国古代绒织物。在那里，我开始较为系统地检阅明代史料中与绒织物生产相关的内容，发现了许多有趣的材料；一一分析了该

〔1〕 刘柏茂、罗瑞林：《明定陵出土的纺织品》，载《定陵》，文物出版社1990年版，第345～351页。

〔2〕 赵承泽：《关于我国古代起绒丝织物的几个问题》，自然科学史研究所技术史组主编《科技史文集》（九），上海科学技术出版社1982年版，第86～92页。

〔3〕 赵承泽主编：《中国科学技术史·纺织卷》第八章第三节“起绒织物及其相关问题”，科学出版社2002年版，第352～363页。

〔4〕 包铭新：《我国明清时期的起绒丝织物》，《丝绸史研究》1987年第4期，第21～29页。

馆馆藏的几十件中国起绒织物，得到了大量的第一手资料；并对国外的起绒织物进行了比较研究，初步梳理了中国天鹅绒的起源、发展和技术特点，初步写成了《明代绒织物》，也在皇家安大略博物馆的讲台上作过一次演讲。回国之后，因为工作较忙，而且我的大量实践依然集中在丝绸之路的早期织物上，所以没有时间来整理在安大略博物馆获得的资料。但我对绒织物的兴趣依然保留，自1999年以来，我在定陵博物馆同行的支持下，曾仔细地分析过定陵出土的双面绒织物；在苏州博物馆的支持下，分析了王锡爵忠静冠上的黑色素绒；我也特别注意收集天鹅绒的实物或标本，如元代绒缘帽子的实物，清代多彩经绒、多彩纬绒、妆花绒等，使我对天鹅绒的大部分种类有了实物的分析。另外，在苏州丝绸博物馆王晨和南京云锦研究所好友戴健的协助下，我又调研了苏州、南京、丹阳等地的天鹅绒生产技术，使我积累了十分丰富的技术材料。因此，本文的写成，确实也与他们的协助分不开。

事实上，随着中国对传统工艺和非物质文化遗产保护的重视，漳绒和漳缎已经被纺织史学者所重视。由钱小萍主持编写的《中国传统工艺全集·丝绸织染卷》中有较为详细的对绒织机和织造技术的调研，而且载有详细的机械和上机图，这是全国范围内第一次对绒织物传统工艺进行的调研，其中王晨、曾水法和钱小萍做了大量的工作[1]。进入21世纪之后，漳绒和漳缎先后被列入江苏省的非物质文化遗产名录，丹阳成为漳绒技艺的

〔1〕 钱小萍主编:《中国传统工艺全集·丝绸织染卷》，大象出版社2005年版。其中曾水法执笔第六章第八节《漳缎织机及其织造技术》，第132～147页；王晨执笔第十八章第一节《漳缎》，第417～421页，第二节《漳绒》，第422～423页；钱小萍执笔第十八章第三节《天鹅绒》，第424～431页。

传承地，而苏州成为漳缎技艺的传承地。在南京这一云锦生产的故地，传统艺人又为故宫成功复制了具有高难度工艺的乾隆时期的妆花绒。近年在苏州，漳缎的研究与保护也已经正式启动。我相信，我们对中国天鹅绒的研究，会在不久的将来得到进一步的深入，我也希望，通过我们的研究，中国传统丝织品中的天鹅绒会在今天的生产中重放异彩。

第一章

天鹅绒的历史

国际古代纺织品研究中心(简称CIETA)给起绒织物下的定义是:织物上除了地经地纬交织外,还有一组附加的绒经专门产生直立的绒圈,这些绒圈通常会被割断以形成短而密集的绒毛遮掩地经地纬,任何采用或局部采用这类组织的织物均可称为绒类织物[1]。根据这一定义,实物中的栽绒织物和拉绒织物等均不能称为绒织物,马王堆汉墓出土的绒圈锦也因为没有专门的绒经而不在本书讨论之列。

图1-1 漳绒图例

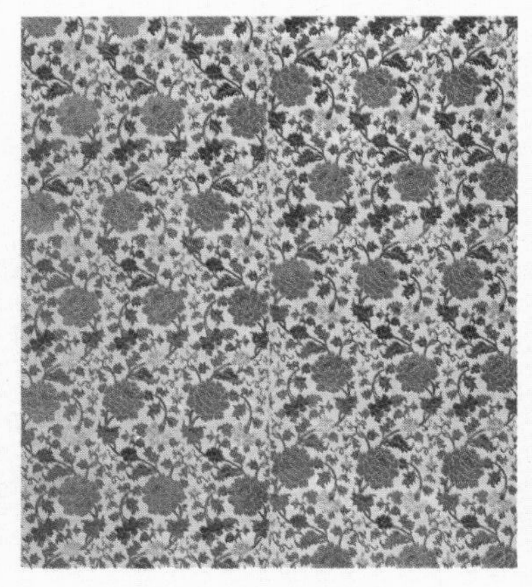

图1-2 漳缎图例

中国古代与绒类织物相关的名称有漳绒(图1-1)、漳缎(图1-2)、天鹅绒、建绒、倭缎等,其中用得最多的是漳绒、漳缎和天鹅绒。但人们对这三个名称的解释其实多有不同。在现代织物分类中,漳绒和天鹅绒一般是指素织绒,即先织造再进行全部或局部割绒的织物;漳缎总是指先进行

〔1〕 Vocabulary of Technical Terms, Fabrics, Publications de CIETA, Lyon, 2006, p40.

图 1-3　漳绒局部图

提花织造，再进行割绒的织物。（图 1-3）但从明清时期的织物名物对照来看，漳绒是指全割或雕花的素织绒，漳缎是指各种提花织造之后割绒的提花绒，而天鹅绒则可以同时指两种，正与西方所称的 velvet 的范围相同。本书也正因此而沿用天鹅绒之名，将其作为中国古代起绒织物的总称。

绒之名

在中国古代文献中，想要判断某一记载中的“绒”是否为真正的起绒织物并非易事。绒有时可作“绒毛”解，如鸭绒、羊绒、驼绒等；有时可作“散丝”解，如绒丝、绒纬、绒线等；有时可作“织物”解，但可以是一种表面有茸毛的细软的布，也可以是经拉毛处理后的织物。如此广义的绒织物概念使我们要在史料中区别真正的绒类织物变得较为困难。但是，在浩翰的史料中，我们还是可以将较为准确的、指称可能性较大的绒类织物记载找出来。

关于中国古代的绒织物之名，赵承泽在其《关于我国古代起绒丝织物的几个问题》一文中曾有过较为详细的探讨[1]。文中提到在《众经音义》和《集韵》等字书中的“缉”、《急就篇》中的“纯”等,都有可能是对早期起绒织物的称呼。不过,较为明确的起绒织物名称应该出现在元明清三代,包铭新在其《我国明清时期的起绒丝织物》一文中对此有较为详细的论述[2]。此外,日本学者吉田雅子也在其《中国绒的形成:基于地方志上用语变迁的研究》[3]一文中进行了较为详尽的考证。现将元明清时期的文献中与绒织物相关的名称记载一并列举如下。

怯绵里

中国史料中最早的关于绒类织物的可靠记载应该是《元史·舆服志》中的怯绵里:天子质孙,冬服有十一等,第一等为纳石失,第二等就是怯绵里;百官质孙凡九等,第一等是大红质孙,第二等是也大红怯绵里。怯绵里在《元史》中自注为“剪茸”,此处的“茸”与“绒”不同,只可能作“绒毛”解释,而不可能是从羊身上剪下来的绒毛织成的织物,或是拉毛而成的类绒织物。如单从“剪绒”两字来看,除真正的绒类织物外,只有栽绒毯才需要剪绒,而以栽绒毯之厚,不可能用于做服装。由此我们可以推论,怯绵里最有可能是真正的绒类织物。(《大元毡毯工物记》中论及回民剪绒毡,一般用于做毡毯,不能用于裁衣。)

“怯绵里”一词来源尚无人考证,有人推测为波斯语音译,但到目前为止尚无深入研究,元代所有史料中除上述一条以外再无它处述及。

---

〔1〕 赵承泽:《关于我国古代起绒丝织物的几个问题》,自然科学史研究所技术史组主编《科技史文集》(九),上海科学技术出版社 1982 年版,第 86 ~ 92 页。

〔2〕 包铭新:《我国明清时期的起绒丝织物》,《丝绸史研究》1987 年第 4 期,第 21 ~ 29 页。

〔3〕 吉田雅子:《中国におけるベルベッドの形成——地方志等における用语の变迁を通して》,帝冢山短期大学织物文化研究会会志《はた》1998 年第 5 号,第 35 ~ 47 页。

剪绒

剪绒也是一个非常古老的名称。《元史》中对"怯绵里"作注时用的词就是"剪茸(绒)"。明太祖朱元璋之孙周宪王朱有敦家有一老佣人,年七十岁,原为元代皇后乳母之女,常居宫中,能通胡语,知元宫事甚多。朱有敦常向其仔细询问宫中史实,并于永乐四年(1406)据此写成《元宫词》一百章,其中第十四章云:"清宁殿里见元勋,侍坐茶余到日曛。旋着内宫开宝藏,剪绒段子御前分。"这里的"剪绒段子"应该就是剪茸怯绵里,它平日被当做珍品藏于左藏库,专用于赏赐。这种剪绒后来也被人们看成是西方的产品。明王佐《新增格古要论》卷八:"西洋剪绒单,出西番,绒布织者,其红绿色,年远日晒,永不退色,紧而且细,织大小番犬形,方而不长。"这里的"剪绒单"可能就是剪绒段子,能织出红绿色的动物纹样,明显是提花绒织物。

明代罗贯中的小说《水浒传》第七十六回中提及有"剪绒战袄蔡舞"。《天水冰山录》中载录了当时剪绒应用的清单有:大红、青绿、沉香各色剪绒段二八匹,青素剪绒十六匹,红剪绒獬豸女披风一件等。甘熙《白下琐言》卷八:"剪绒则在孝陵卫,其盛与绸缎埒。"范端昂《粤中见闻》卷二十三:"剪绒随织随剪,其法颇秘,广州织工不过十余人能之。"范端昂于文中写明了剪绒方法,随织随剪就是将素织绒中的平绒全剪成绒毛,没有图案。

天鹅绒

天鹅绒一词最早出现在日本人策彦周良的《入明记》中。该书收录了自永乐元年至天顺八年(1403—1464)若干年间的明朝赠赐日本国礼品清单,其中与绒相关的名称有四类:一类是绒锦,第二类是绒绣,第三类称织绒,还有一类就直接称为"天鹅绒"。提到天鹅绒的记载共有两条,分别在永乐四年(1406)和永乐五年(1407),均是白天鹅绒纻丝觉衣，这是我们所知最早称为天鹅绒的两例记载，所指为起绒织物无疑。而且，从“天鹅绒纻丝”将天鹅绒和纻丝连用来看，这类天鹅绒应该是以缎纹地上起绒的织物，说明天鹅绒在当时应该包括提花绒织物。

一般叙述天鹅绒历史引用文献较多的是《天水冰山录》和沈德符的《万历野获编》。《天水冰山录》是记载嘉靖年间（1522—1566）严嵩抄家所获的清单，其中丝绸品种甚多，有织金、妆花、织花和抹绒等种类，数量巨大，都有几百匹之多。特别是书中还提到了“天鹅绒头围”一项，应该是真正的绒织物。沈德符（1578—1642）是明代晚期的著名文学家和史学家，《万历野获编》卷十二中“士大夫华整”条载：“江陵时，制寿幛贺轴，俱织成，青罽为地，朱罽为寿字，以天鹅绒为之。当时以为怪，今则寻常甚矣。”江陵即万历时著名内阁首辅张居正（1525—1582），那么，这条史料所记当是在万历初张居正任相时天鹅绒的使用情况。

在明清史料中，天鹅绒一词比漳绒或漳缎出现得早。在正德八年（1513）《大明漳州府志》和万历元年（1573）《漳州府志》的“物产”条中，并无漳绒记载，但到崇祯元年（1628）《漳州府志》“物产”条“帛之属”中，出现了“天鹅绒”一词〔1〕，当确指绒织物无疑。另一部万历四十年（1612）《泉州府志》物产项中则记载：“罗，但不如苏杭佳，亦有天鹅绒者，不如漳州佳。”〔2〕

倭缎

“倭缎”一词最早见于宋应星《天工开物》：“倭缎，凡倭缎制起东夷，漳泉海滨效法为之，丝质来自川蜀，商人万里贩来以易胡椒归里。

〔1〕 袁业泗修：崇祯《漳州府志》卷三十八。
〔2〕 阳思谦修：万历《泉州府志》卷三。

其织法亦自夷国传来，盖质已先染，而斫线夹藏经面，织过数寸即刮成黑光。北虏互市者见而悦之，但其帛最易朽污，冠弁之上顷刻集灰，衣领之间移日损坏。今华夷皆贱之，将来为弃物，织法可不传云。”宋应星是我国著名的科学史家，生于 1587 年，1615 年中举，崇祯七年(1634)任江西分宜县教谕，在此期间写成《天工开物》一书，此时距明亡尚有十年时间。以上引文是目前中国关于绒类织物最早、最为详细的记载。宋应星不愧为伟大的科学史家，上述引文中他从技术上谈到了绒的织法，即用假织纬(斫线)先织成绒圈，然后再割绒圈。这一点也为另一位同时代的科学史家方以智在《物理小识》中记载：“倭缎则斫绵夹藏经面，织过刮成黑光者也。”宋应星同时也指出了其用途和缺点，说其易沾飞尘，并表示鄙夷，这其中不免与倭缎这一名称来历有关。

“倭缎”是一个耐人寻味的名称。既然称为“倭缎”，就让人联想到日本，所以宋应星也认为它是从日本传入的。乾隆二年(1737)《福建通志·风土志》“物产”条载：“天鹅绒，本出倭国，今漳人以绒织之，置铁线其中，织成割出，机制云蒸，殆夺天工”，也证明了当时人们的这一看法。日本本国文献对天鹅绒的文字记录为“天鹅绒”，但发音为ビロウド，来自葡萄牙文 veludo 或西班牙文 velludo。据说是日本最早提到“天鹅绒”一词的《本朝世事谈绮》一书《衣服》章中正作如此记载，此书认为日本开始生产天鹅绒是在正保和庆安时期(1644—1651)，相当于中国的清初；其原因是在 1639 年，日本人进口了一卷带有假织杆、绒圈未割开的绒织物，日本织工由此而了解了绒织物的秘密。[1]赵承泽认为，“倭缎”一词在东南沿海一带发音为 Wo Dou，很有可能就

---

〔1〕 菊冈沾凉述：《本朝世事谈绮》卷一《衣服》“天鹅绒”条，勉诚社文库 105，勉诚社 1982 年版，第 13 页。

是 veludo 的对音。[1]

漳绒

大约是从万历到明末，漳泉海滨地区形成了生产绒类织物的中心。漳州和泉州，特别是漳州被看做中国绒织物的主产地，所以漳绒、漳缎之名大盛，一直沿袭至今。但是，十分有趣的是，在福建当地的史料记载中，绒织物一般都被称为天鹅绒，并没有漳绒或漳缎之称。到清代乾隆之后，福建一带的织绒生产渐不见于史载，或许是因为织绒的主产地已移至江苏一带。

漳绒和漳缎之名似乎直到清代中晚期才正式开始出现。道光十二年(1832)《厦门志》卷七及清厦门关税科则中同时收录了“漳缎”和“倭缎”，也同时收录了平绒和漳绒。真正的漳绒的称法可能就是于此时在丝织业的重要产地苏州开始传播起来的。从大量保存至今的19世纪的雕花绒实物来看，很多机头保留着“漳绒”的字样，如“定织加重真清水头号漳绒”、“定织加重清水漳绒”等。

漳缎

漳缎与漳绒中的“漳”一样，指的是福建的漳州。由此来看，漳绒和漳缎理应起源于漳州或是初见于漳州，但后来的漳绒和漳缎却极少产于漳州，成为一个名不符实的地方性丝织品种。漳缎称缎，是因为其地组织为缎组织，而且是大面积暴露于地面的缎组织，而不是一个只用做基础结构的地组织。相比之下，漳绒的地组织基本上都被绒毛或绒圈所掩盖了。

---

〔1〕 赵承泽主编:《中国科学技术史 · 纺织卷》第八章第三节“起绒织物及其相关问题”，科学出版社 2002 年版，第 352 ~ 363 页。

建绒、卫绒

建绒、卫绒均为对南京所产之绒的称呼。南京旧称建业，因此南京织绒可称建绒。又称为卫绒。陈作霖《金陵物产风土志》：“又有绒机，则孝陵卫人所织，曰卫绒，其浅文深理者，曰天鹅绒。”南京产绒织机一度达到七千台以上，但太平天国运动后，南京绒机零落，仅剩二百多台。

绒锦等其他

在明代史料中，还有一些与绒相关的织物名称。如《入明记》中就载有绒锦、绒绣和织绒等几类。绒锦有时称为妆花绒锦，如球纹绒锦或球纹花妆花绒锦、宝相花绒锦或四季宝相花妆花绒锦等。此类名称在《明史》中亦常见，多用于赏赐，或许可以视为以绒丝织制的织锦，不一定就是起绒织锦，但也不能排除是妆花绒织物的可能性。第二类是绒绣，在多数情况下称为圈金绒绣，少量情况下称为绒绣，如青缎丝圈金绒绣牡丹花枕头、大红绒绣梧桐叶缎丝枕头等，虽然可以视做绒丝或与盘金相结合的刺绣，但从大量明代绒地刺绣的情况来看，这也很有可能是绒地上的刺绣。第三类称织绒，如大红织绒宝相花缎丝、红绒丝织金宝相花等，也可以解释为用绒丝织成的织物。

从绒圈锦到怯绵里

汉代的绒圈锦

绒圈锦或称起绒锦、起毛锦，是汉代新出现的一个重要的织锦品种。其实物最早在蒙古诺因乌拉匈奴墓中发现，之后，满城刘胜墓亦有发现，但真正引起人们重视是在1972年于马王堆发现了更完好的实物之后。相隔不久，武威磨咀子62号西汉墓也有类似织物标本出土。

马王堆位于长沙市东郊,传为五代十国时楚王马殷的墓地,因此称为马王堆。1971年底,由于当时战备建设的需要,当地医院挖掘地道时发现了马王堆一号汉墓。1972年初,经国务院批准,中国科学院考古研究所和湖南省博物馆联合对一号汉墓进行了发掘,并确定了墓主人为长沙相利苍轪侯的夫人辛追,其下葬年代为汉文帝十二年(前168)。而同在马王堆墓区的二号墓与三号墓的主人则是先于辛追而死的其丈夫及儿子。

湖南长沙马王堆汉墓是最早发现绒圈锦和凸纹锦的地方。后来甘肃武威磨咀子汉墓中也有所发现。但从发表的组织分析图来看,这些有凸纹的织锦其本质组织还是平纹经锦,马王堆出土者由两种纹经起的与两色平纹经锦一样的作用,显示大效果的底纹,另一种底经专沉于反面和一种起绒经供织入起绒杆〔1〕(图1-4),而磨咀子出土者没有专门的起绒经,由一组纹经兼任起绒作用〔2〕。从我们对西汉绒圈锦的分析来看,两者的结构是一致的,并没有专门的起绒经。至于起绒杆部分的织花,与其说是提花,还不如说是挑花杆的功劳。在织造时,经线通常按1∶1或

图1-4　马王堆出土西汉绒圈锦

〔1〕 高汉玉等:《长沙马王堆一号汉墓出土纺织品的研究》,文物出版社1980年版。
〔2〕 甘肃省博物馆:《武威磨咀子三座汉墓发掘简报》,《文物》1972年第12期。

1∶2 排列织成素地或花地经重组织，这和平纹经锦一样。不同的是，绒圈锦在此组织基础上再用挑花的方法，挑起其中部分经丝，织入起绒杆，织成后将起绒杆抽去，经线便自然屈曲于织物表面，形成高出锦面 0.7～0.8 厘米的具有浮雕效果的立体花纹。如果地部本身也织有花纹，那么锦面图案就会呈现出一上一下两个层次，颇具锦上添花的效果。（图 1-5）目前所知出土的绒圈锦实物，色彩以深色为主，如褐地红花、玄地绛红、朱红、土黄花纹；纹样大同小异，多以小型矩形、几何线条等加以变化，或疏或密成网状排列，花回较短，通常 2～4 厘米，大型的不过 6 厘米，花幅亦不甚宽，大者为 13 厘米。其原因和当时的普通织锦一样，都存在着织作大单位大花型的困难。但绒圈锦较普通织锦工艺要求复杂。由于绒经与纹经、地经的送经量要求不同，故织机除了提花装置外，还需配备两个张力不同的经轴并加起绒杆方能织成。

图 1-5　绒圈锦结构图

从考古发现看，绒圈锦的流行主要在西汉时期，王㐨先生认为，它可能就是汉代文献中的“织锦绣”，应该是当时织锦摹仿刺绣效果的一种技法。但这种在传统平纹经锦基础上织成的创新品种的流行期似乎很短，到东汉明帝时期（58—75），文献中已见“织锦绣难成”的记载，说明绒圈锦织造技术到东汉已经失传[1]。

---

〔1〕 王㐨：《汉代丝织品的发现与研究》，载《王㐨与纺织考古》，（香港）艺纱堂/服饰 2001 年版，第 51～68 页。

不少中国学者在发现了绒圈锦以后就将其与绒类织物相联系，有的认为中国的起绒织物早在汉代就已出现，有的则将绒圈锦看做中国起绒织物的源头。如赵承泽先生即将马王堆和磨咀子出土的绒圈锦，理所当然地看做绒类织物："起绒织物根据其起绒方式，可以分为两类：一类是开毛的，一类是不开毛的。马王堆和磨咀子出土的，都属于后者。"[1]而上海研究小组的结论是："绒圈锦是我国最早发明创造的绒类织物，是纹锦的重要发展，它为后世的漳绒、天鹅绒等织物发展，创造了良好的技术条件。过去有人认为我国的绒类织物自明代以后才有，或是从国外传入的说法，是没有根据的。"[2]

但也有学者在研究了绒圈锦的结构后指出它没有完整的由纬丝夹固的绒圈，认为绒圈锦并不属于真正的起绒织物，并将其与中国后世的绒织物脱钩。包铭新指出："事实上，它们虽然有某些共同点（都是多彩起绒提花丝织物），但两者之间也存在着本质上的差异。……从两汉至明代的千余年间，没有什么文献或实物可以证明任何介于绒圈锦与漳缎之间的过渡物的存在。我们认为，这两者之间没有直接的因袭关系。"[3]在国外，大多数学者的观点与此接近。如 Lutos Stack 也指明了绒圈锦组织与真正绒组织的区别，而自汉至明一千多年的空白也说明了后世中国绒织物与绒圈锦无关。[4]现在看来，这一观点是较为客观可信的。

唐代红线毯

绒织物有绒圈或是有绒毛的特点某种程度上与栽绒地毯的某些

---

〔1〕 赵承泽：《关于我国古代起绒丝织物的几个问题》，自然科学史研究所技术史组主编《科技史文集》（九），上海科学技术出版社 1982 年版，第 86～92 页。

〔2〕 高汉玉等：《长沙马王堆一号汉墓出土纺织品的研究》，文物出版社 1980 年版。

〔3〕 包铭新：《我国明清时期的起绒丝织物》，《丝绸史研究》1987 年第 4 期，第 21～29 页。

〔4〕 Lutos Stack. The Piled Thread: Carpets, Velvets and Variations, The Minneapolis Institute of Arts, 1991.

特征相近，所以有时在史料中较难分辨。中国古代地毯的出现甚早，但多为毛织。到唐代出现了栽绒丝毯，形成了以丝起绒的一类织物。《新唐书》载宣州上贡“丝头红毯”，《元和郡县图志》载宣州进贡“五色线毯”，白居易并有专门的《红线毯》诗[1]为其咏：

红线毯，择茧缫丝清水煮，拣丝练线红蓝染。
染为红线红于花，织作披香殿上毯。
披香殿广十丈余，红线织成可殿铺。
彩丝茸茸香拂拂，线软花虚不胜物。
美人踏上歌舞来，罗袜绣鞋随步没。
太原毯涩毳缕硬，蜀都褥薄锦花冷。
不如此毯温且柔，年年十月来宣州。
宣州太守加样织，自谓为臣能竭力。
百夫同担进宫中，线厚丝多卷不得。
宣州太守知不知，一丈毯，千两丝。
地不知寒人要暖，少夺人衣作地衣。

此诗几乎是研究唐代丝绒毯的唯一史料，我们可以从诗中了解红线毯的生产方法和特点。“彩丝茸茸”几句已十分明确地指出丝毯有剪断后的丝头呈茸茸之状，并能使得罗袜绣鞋没于丝头之中，显然，此毯乃是一种栽绒丝毯。线厚丝多、一丈千两，都说明此毯的丝绒高度很高，因而甚是费料。栽绒丝毯的织造工艺，应是从西北栽绒毛毯的技术移植而得。我国西北地区的栽绒毛毯出现甚早，汉时已相当成熟。从当地的栽绒方法及中原后来的栽绒组织结构来看，唐代的丝绒毯可能也采用了马蹄形打结法。

[1] 《全唐诗》卷427。

元代的剪茸怯绵里

如前所述,《元史·舆服志》中提到剪茸怯绵里,用于天子质孙冬服十二等中的第二等,百官质孙凡九等中的第二等也是大红怯绵里。质孙又称一色服,专用于出席皇帝举行的质孙宴时穿着,凡赐有质孙服的官员或侍卫均可着此服赴宴。纳石失为织金锦,从传世织金锦来看均为一色上加金。如此看来,这种剪茸怯绵里也应该是一色的,如上面提到的大红怯绵里,这种绒应该是大红色的。《元史》中所载将怯绵里作为质孙服的制度未见说明具体开始的年代,但由于元代舆服制度至英宗(1321—1323)时才较为成熟,因此,这类起绒织物最有可能是在 14 世纪 20 年代开始在中国使用的,这正与这一时期欧洲十分流行大红丝绒的情形相吻合。

由于元代珍贵丝织品以从西方传来为主,蒙古人的喜好与中西亚人较近而与汉人较远,因此他们将波斯织工从西域迁来中国,建立了很多纳石失局进行生产。怯绵里排列为第二,仅次于纳石失,但未见设立织局进行生产,其他史料也极少提及,这可能正是因为怯绵里由更远的地方生产,无法得到工匠织造,因而显得更为珍贵。这与当时意大利生产天鹅绒织物的情况基本相符。意大利在 13 ~ 14 世纪开始生产丝绒织物,并与蒙古人有着一定的来往,马可波罗访华就是中意交往频繁的一例,因此,蒙古人很有可能从意大利人那里得到少量的绒织物,并视为珍宝。前述朱有敦《元宫词》十四章中提到的“剪绒段子御前分”,也说明了这种绒织物的珍贵:平日被当做珍品藏于左藏库,只是在特殊的场合用于赏赐,而且要在皇帝面前举行仪式。

明初洪武二十五年(1392)三月,撒马尔罕帖木儿遣人来朝贡马八十四匹、驼六只、绒六匹、青梭布九匹、红绿撒哈剌二匹及镔铁刀剑盔甲等物。这里的以匹为单位的绒无疑是一种织物,与青梭布和撒哈剌(很有可能就是撒搭剌欺)相似,一种可能是羊绒或驼绒类织物,还有一种就是丝织的天鹅绒。这条史料明确记载了明代初期绒织物由以撒马尔罕为首都的帖木儿帝国（当时已征服波斯）间接到达中国的情况，其绒织物当然十分珍贵，且极有可能产自欧洲。

明代前后绒织物的生产

陕西绒段的生产

永乐年间关于天鹅绒的记载反映了明成祖时宫廷已对绒类织物非常熟悉，而且熟悉的不只是天鹅绒，还有用羊绒或驼绒织成的织物。《明英宗实录》载："永乐中以驼毼温暖，令内官于所出地方索买，且令专业者给官料织造五十匹。自后岁以为常。"这个"地方"就是陕西布政司。陕西、甘肃一带独产山羊，《天工开物》载其羊自西域传来，外毛不甚蓑长，内毛细软，取织绒褐。以羊绒或细羊毛制成的织物一般称为毼、褐，或毛毼、毛段、毧段等，而以驼毛为原料者，则称驼毼。这一加造驼褐的政令可能一直沿续到正统初。正统元年（1436），陕西右参政年富奏："本司原造绫、绢、毧、毼九百余匹，复加驼毼五十匹，民力不堪，乞免造。"这里说的是，陕西本身已有定额岁造丝绸和羊毛类织物，但永乐时起加织驼毛类织物五十匹，这五十匹织物在正统间罢造。

两年之后（1438），陕西布政司又言："本司岁造驼羊毧段，其丝、绒皆出民间，今甘肃、宁夏等处征御达贼军需，又令民供给，乞停毧缎，俟边境宁息，仍旧成造。"看来，由于当时瓦剌的不断入侵，陕西一带战火连绵，岁造的毧段也停止生产了。但有趣的是，陕西布政司提到岁造驼羊毧段的原料中不仅有绒，而且有丝，那很有可能是一种丝毛交织的素织物。

陕西的战事持续了多年，战后有若干年的休生养息，然而陕西似乎没有再生产绒织物。直到弘治五年（1492），其生产绒织物才又见于史载。当时的吏科都给事中张九功奏言:“工部两奉旨,将新制各色彩妆绒毼画图下陕西镇巡三司并甘肃镇巡等官织造,今陕西诸司动支帑银,收买物料,往南京转雇巧匠,科买湖丝,又于城中创造织房。”这条史料非常值得重视,其中包含了不少重要信息。

英宗和代宗两朝(1436—1464)战事不少,内部矛盾重重,帝王们享受的时候并不多。到了成化和弘治年间,社会相对稳定,对缎匹的需求也与日俱增,“织造缎匹之令,至于再三”。从上引史料可以看出,这次的织造命令与先前有所不同,要求建立正规的专业作坊,在城中创设机坊织房。其制作的产品属于彩妆类,是一种提花织物,需要从南方雇佣巧匠,而织造的原料中起码有湖丝。由此分析,这些生产的织物必定是提花织物,但作其地者,一种可能是羊毛一类的毛织绒,另一种可能是模仿毛织绒的丝织绒,而丝织绒须得割绒起毛,即天鹅绒之类。“彩妆绒毼”可以看成是具有相似风格的丝质的彩妆绒和毛质的毼这两种织物,明代《天水冰山录》中也有一类称为彩妆绒褐,但在细目中则又将彩妆绒和褐分开。想用丝织制出绒褐一类效果的织物,则非采用割绒的方法不可,而彩妆的效果只能在丝织上产生,不可能在毛织物上进行妆花。

因此,我们可以得出一个推论:陕西一带早在永乐年间(1403—1424)即以生产羊绒和驼绒织物闻名,可能在正统初年(1436—1438)开始用丝替代羊绒或驼绒来生产效果相似的起绒素织物,到弘治五年(1492)已明确开始用湖丝为原料并雇用南京提花织工试织彩妆绒织物,这一试织无疑获得了成功。这比利玛窦的记载整整早了100年。

在陕西出现丝织起绒织物原因可能有几个方面。首先是原料的问题,羊绒是非常罕有的材料,极难收集和加工。一条《明神宗实录》中的记载反映了当时西北纺织业所达到的空前规模:“洮、兰之间,小民织造货贩以糊口。自传造以来,百姓苦于催逼,弃桑农而捻线者数百万人。”用羊绒生产只是家庭式的副业,养羊的同时取一些羊毛进行纺织，可以补家用之不足，却不适合进行大规模的生产。另外，明朝生产毛毯也需要大量的羊毛纤维。因此，人们自然地想到品质也十分高贵的丝，而此时的生丝可以较为方便地从产区买到，这样原料问题就解决了。其次，陕西是我国西北的门户，是通往中亚、西亚的交通必经之地，前述撒马尔罕使者进贡南京也必定会经过西安，陕西一带受到西方绒织物的启发而用丝纤维模仿毛氈织物效果也是完全可能的。其三，人们对色彩和图案的要求使丝织的起绒织物得到了发展，要织制提花的起绒织物，就必须采用色彩、光泽和纤度均大大优于毛的丝纤维，而且，织工巧匠们也习惯于丝织工艺。

弘治年间的彩妆绒生产不知持续了多少时间，嘉靖初年（1522）皇帝曾诏罢陕西织造，但于嘉靖四年及五年又遣内臣织造羊绒。此次虽然指明是织造羊绒，但事实上朝廷大臣们并不能将羊绒和丝绒分清，因此羊绒织物中很可能会包含丝绒织物。嘉靖年间严嵩的抄家清单上就有大量的妆花绒、绒段和剪绒的记载。从当时各地生产妆花绒的记载来看，妆花绒只有陕西的官营作坊中才有生产，而以当时严嵩的地位，要得到如此珍贵的丝织物并不难，可能来自赏赐，也有可能来自私织，当时内官在陕西私织绒织物的情况常有发生。到了隆庆元年（1567），在诏罢苏、杭、南京织造的同时，“嘉靖中，陕西织羊绒、广东等处织葛布，至是俱罢”。万历初，由于张居正主持政务，皇帝的开支受到很大的限制，因此陕西绒织物的生产也一直没有得到恢复。

万历二十三年（1595）起，陕西的绒织物生产又进入了一个高峰期。该年二月，工部左侍郎沈思孝上奏：“陕西织造羊绒，既奉明旨宽恤，每岁解进一运，以四千为率，酌工料银一十万两。”这一任务下达后的同年八月，就得到了陕西方面的回应。巡抚陕西兵部右侍郎吕鸣珂奏：“陕西岁用新样绒袍至四千匹，据停织造二十四年，局作机张，向已倾废，今始葺修。挑花机匠，见存无几。蚕丝取之异省，绒线产于临、兰，岂能立办？计开机之时，距解运之日，才四闰月，为日几何，能完四千匹？伏望特赐宽假，乞将今年头运，止以见完者解进，以后不拘年限，不论多寡，准以织成者陆续恭进，数完而止。”引文中的“蚕丝取之异省，绒线产于临、兰”说明，平时大臣们所称的羊绒，其实还是以丝绒为主，可能也有部分毛织物。所谓的“新样绒袍”，说明绒中以妆花为主，“挑花机匠”也说明它是提花织物。次年，大学士赵志皋在上疏中更是直接地将羊绒称为“绒绸”，他可算是一个朝中的明白人，点明了陕西羊绒其实有部分是以丝为原料的。

陕西布政使为了织造这些绒织物，重振染织作坊，添置织机，招募工匠。陕西抚按贾待问疏称：“该省应造万历二十五年（1597）龙凤袍（按：这是新样绒袍的具体纹样）共五千四百五十匹，额设机五百三十四张，该织匠一千五百三十四名，挽花匠一千六百二名，新设机三百五十张，该织匠三百五十名，挑花、络丝、打线匠四千二百余名。”共计织机 884 张，匠 7 686 人。这些数字较清代江南三织造各局的数量更大，较同时期南京内织染局额设机 300 张也多出很多，可能是同一时期中各地官营织造之冠。

在万历二十三年定下的陕西岁造四千匹绒织物的定额在以后各年基本上是稳定的。《定陵注略》抄得陕西税监梁永于万历三十年（1602）进绒五十（应为五千）匹，三十一年绒五千匹。其实在万历三十年七月，工部尚书姚继可曾上疏：羊绒银两正缺，“及查已解绒服等物，充斥内库，积久易蛀，不无可惜”，要求暂停织造。但万历帝说：绒织物已经裁减，岁定每年四千匹，为表示宽省民力，每年再减少一千匹，即每年三千匹。这与前述三十年和三十一年每年进五千匹有所矛盾。其原因或许是前面所进五千匹乃更早时候下达的织造任务，而新下达的任务要到后面两年才体现出来。这种情况大约一直维持到万历朝结束。天启七年（1627），由于农民运动风起云涌，特别是在陕西一带，李自成起兵，因此，要在陕西再征绒织物已是不可能了。

由此可见，明代陕西是绒类织物的主要产地。初期以羊绒或驼绒织物为主，由于羊绒原料的短缺和丝绒产品的启发，到正统时出现真正的起绒织物和羊绒织物并存的局面，弘治时则已有专业的官营作坊生产起绒织物，并以妆花绒为主。万历时期是陕西起绒织物生产的高峰时期，一直到万历末或天启初才停止。

福建沿海天鹅绒的生产

大约与万历同时，生产绒类织物的另一个中心——漳泉海滨地区形成了。漳州一直被视为中国绒织物的起源地，漳绒、漳缎之名也沿袭至今。如前所述，漳泉产绒不仅见于宋应星《天工开物》，而且也见于漳泉一带的地方志书。乾隆二年的《福建通志》还说到漳州产天鹅绒。这些史料说明，从明末到清初，福建沿海一带均是天鹅绒的重要产地。

但是这一带的天鹅绒生产到清代中期日渐式微，到太平天国之后更是一蹶不振。据称，1929 年，漳州曾为恢复生产漳绒创办工业学校，聘请名师王铭传授织绒技术，但宏愿未成，王铭亡故。抗战初期，又有一行人在漳州花园后辟地组织十余人传艺，以求恢复生产，仅三个月后，又因技不如人而作罢。至此，漳绒和漳缎只得漳地之名，实际已非漳州所产。

广东一带天鹅绒的生产

据海外史料记载，明代隆庆间海上解禁以后，民间海上贸易与活跃的西方航海贸易联系紧密。1576 年，一份由 Francisco de Sande 撰写自菲律宾呈回西班牙国王的报告书中提到："中国什么都不缺，唯独没有绒织物，为何没有呢？因为他们还不懂得如何织造，但是一旦他们有机会看到生产过程，很快就能学会制作了。”〔1〕他的预料后来果然应验了，到了1592年，来华耶稣会传教士利玛窦（Matteo Ricci，1552—1610）就在致父书（1592年11月12日撰于韶州）中提到他亲眼看到中国韶州一带织造绒织物：“几年前中国人也学会了织天鹅绒，技术不错”。（图1-6）

图1-6　利玛窦像

但事实上，由于漳泉一带特殊的地理位置，当地接触此类织物的机会比较多。早在元代至正六年（1346），摩洛哥旅行家伊本·白图泰（Ibn Battuta）在旅行到泉州时就看到泉州有天鹅绒织物。1524年，随皮莱士出使广州的Vasco Calvo写信寄回到欧洲，建议欧洲人多带些丝绒到广州作礼品；1582年，一位肇庆府的官员在收取了住在澳门的葡萄牙人的贿赂后给予他们方便，所收物品中包括丝绒。可以看出，由于欧洲丝绒在东南沿海一带的流行，天鹅绒成为当地非常时尚的一种织物和装饰品。为了满足当地的市场需求，东南沿海一带的人们开始学习织造丝绒的方法。他们平时就善于织造，因此很快就学会了天鹅绒的生产技术。

---

〔1〕 原文出自 E. H. Blair and J. A. Robinson (eds.), The Philippine Islands, 1493—1898, (Cleveland: 1903 – 5), IV, 52. “None whatever, unless it be velvet; and they say that they do not have this, because they do not know how to make, but if they could see that manufacture, they would learn it.”转引自 John Lunn, Gerard Brett & Mrs. K. B. Brett. 1959 合编 HAROLD B. BURNHAM Chinese Velvets A Technical Study, The University of Toronto Press, p14.

南京的生产

南京的织工学绒织物的生产自然有着很多有利条件。早在弘治年间，陕西就从南京雇用巧匠织绒，从那时起，南京的织工就有可能学会了绒的生产。最早记载南京生产绒的资料来自方以智的《物理小识》，书中提到“白下仿倭缎，先纬铁丝，而后刮之”，“白下”就是南京旧时的别称。到清代，南京已成为织绒业的中心。

清代在南京（江宁）、苏州、杭州三地置三织造。其中江宁织造局中分三个生产部分，包括供应机房、倭缎机房和诰帛机房。据说其中的倭缎机房位于常府街细柳巷口[1]，有倭绒、素缎等机 46 张，每年约织一万几千匹。乾隆三年（1738）设有人匠 236 名；乾隆十二年（1747）设有机匠 118 名，摇纺等匠 78 名，局役 15 名。

江宁局产绒的最早记录是顺治八年（1651），江宁局产倭缎 600 匹。康熙时李煦奏折中提到织倭缎的织工报销银量较高，可知这是一门专业性较强的技术。嘉庆时的祭典，也有用倭缎一匹作为供品的，可见天鹅绒一直是江宁局生产的常规项目，为苏杭两地所缺。因此，可以说，清代早期御用的绒类织物，基本都产自南京。

与此同时，南京民间的织绒业也是声势壮观，南京产的绒称为建绒或卫绒。《江宁府志》：“建绒者，建业之绒，昔称大宗，其机在孝陵卫，故又曰卫绒。制暖帽沿边者，非此不克。另有剪绒者，为专门之业，织成而修整之。”甘熙《白下琐言》称：“剪绒则在孝陵卫，其盛与绸

---

〔1〕 今南京太平南路东侧，于巷陌的幽深之处，有一地名叫常府街。它东接复成桥，西接大杨村、细柳巷和三十四标，因明初开国元勋开平王常遇春王府在此而得名。目前还存有陈果夫公馆一幢。http://wenwen.soso.com/z/q272767611.htm.

缎埒。交易之所在府置西，地名绒庄。日中为市，负担而来者，踵相接也。”由此来看，南京绒业已有盛名，与倭绒和漳绒相对，以地方命名，而且还有专门从事销售的市场。据调查，南京在太平天国之前生产建绒的织机共有七千多台，但在太平天国时期，南京被占，改称天京，大量织工出逃，待战后仅剩下绒机两百台，织工八百多人，年产绒约八百多匹。不过，建绒的名声犹存，在全国各地均有销售，如汉口还设有“建绒公所”；属建绒帮的同业公会，虽不定全部销售建绒，但既借建绒之名，可见南京绒业的地位。直到民国之后，建绒还是一直努力保护其生产的地位，曾设法参与国际博览会。

南京织绒其实也有漳绒和漳缎。一般认为，建绒是为素绒，2丈一匹，1.8市尺宽；漳绒为有雕花绒，分股地（即绒圈）和绒地两种，股地漳绒系以割绒显花，绒地漳绒是绒圈显花，其长度无定，视所制物品而异，宽度亦为1.8尺。[1]江苏所织漳绒主要为制帽业用料，部分亦作马褂、坎肩等用料。民国初年盛行的六瓣瓜皮帽，其上品多用江苏漳绒。1915年，美国纽约巴拿马博览会上，江宁送展的漳绒获金牌奖。比利时布鲁塞尔皇家博物馆现藏一匹雕花绒，机首有南京生产的织款。南京生产漳缎据说由苏州传入，也有说是光绪十八年（1892）由数家织户所发明，光、宣年间，其业兴盛。

苏州的生产

苏州产绒，始于清代，规模不及南京，种类亦似从南京学得。1879年苏州地区生产的绒织物品名共有七种：黑色建绒、金塔倭绒、二蓝清水建绒、月白建绒、月白清水建绒、黑色银塔绒、黑色金塔建绒。这些绒织物均用做衣领，应该是没有图案的素绒。这类素绒后来在苏州地

---

〔1〕江苏省地方志编纂委员会：《江苏省志·蚕桑丝绸志》第四章《丝织》三“绒”，江苏古籍出版社2000年版，第335页。

区一般都称为漳绒。

雕花绒在苏州被称为“天鹅绒”，因此，钱小萍在调研当地起绒织物时把雕花技术归入雕花绒类。雕花绒在织造以后，再放架雕花，工艺较为复杂。织造时整幅绒经都织在钢丝上，雕花时先将花样用水粉描绘，再用雕花刀在绒面上按花型图案雕刻起绒，然后经炭火烘烤，拔去钢丝，成为风格独特的工艺丝织品。清末民初，苏州从业雕花的有二十多位高手，如林振明、严泰国、王德清等皆为南京籍人，说明苏州雕花绒技术应该来自南京。

漳缎的织造据说最早是清初由苏州开始生产的，漳绒从漳州传入苏州，经改进为苏州之特产漳缎。它采用漳绒的织造方法，但按云锦的花纹图案，织成缎地绒花织物。漳缎一经问世，康熙皇帝即令苏州织造局发银督造，大量定货专供朝廷，并规定漳缎不得私自出售，违者治罪。后来，随着官营织造的衰落，朝廷改向民间派造，民间绒机户才逐年增加。宫廷贵族及文武百官服饰皆用漳缎缝制，此外，漳缎还用做高档陈设及桌椅套垫用料。漳缎在苏州渐见兴盛，苏州、南京、丹阳均为传统产区。现今北京故宫博物院收藏的两件雪青色漳缎马褂，褂端有圆形印章“苏省”两字，并有正方形印章“赵庆记置”四字，乃苏州赵庆记纱缎庄织造的漳缎实物，十分珍贵。1840 年后，国外机制丝绒涌入我国，苏州漳缎生产受洋货冲击，产量开始下降。1908 年，苏州绒机业尚有木机 700 ~ 800 台，年产漳缎 7 万米。苏州民间生产的清水漳缎为上等服饰用品，除供贵族官员外，亦为蒙、藏等少数民族所喜用。民国以后，国内除蒙、藏少数民族外，穿着漳缎者寥寥无几；又因其全用桑蚕丝制织，为手工生产，产量低，成本高，苏州机户大多改织全素的漳绒。1918 年，苏州绒机业计织户 83 户，木机 385 台，织工有京帮（南京、镇江）及苏帮（吴县、无锡、湖州、嘉兴、丹阳、常州）之分。绒机业中的大户均参加纱缎业同业公会，成立绒机组，而多数属现卖机户。据调查，1936 年有个体漳绒织户 150 户，开动木机 650 台，职工

740人。1927年起，苏州绒机业开始生产金线绒、立绒等人造丝的丝绒。1937年后，蒙、藏交通阻塞，苏州绒机业的漳缎品种绝迹。1943年绒机业低落时，绒机户仅40户，机台310台。1947年，苏州成立吴县漳绒工业同业公会，时有会员56户，开动绒机300台。1948年，苏州漳绒业有工商户85户，独立劳动65户，开动绒机仍为300台。[1]

漳缎长度为3.6～5.2丈，门幅1.8尺。漳缎的经纬原料用桑蚕丝，加捻熟织，也有加入金银线的，花中起绒，绒毛挺立而不倒。花纹大多为清地团花龙凤，也有散和一枝花等类。色彩通常为深色。按漳缎生产手工工艺要求，每机每天可织2尺。新中国成立以后，江苏将漳缎作为高档民族工艺织物，先后在苏州、丹阳恢复生产，但仍为手工生产方式。1966年，漳缎被指责为“封资修”产品，被迫停止生产。1979年苏州成立漳绒丝织厂，恢复漳缎生产，但因手工织造经济效益低，并且制织技工后继乏人，漳缎木机从1982年的10台减为1987年的6台，年产量两千米左右。丹阳市漳绒丝织厂也只有3～4台保持少量生产。

丹阳的生产

除南京与苏州之外，以织绒而闻名的地方还有镇江、丹阳等地。镇江和丹阳位于南京与苏州之间，但靠近南京，其织绒业也有很长的历史，具体时间不可考。据目前所知较早的资料，民国初年，镇江、丹阳两地的织工已在南京、苏州一带承担漳绒、漳缎的织造任务。到1949年之后，丹阳开始设立丝织厂进行传统漳绒的生产。1956年丹阳创办访仙区漳绒生产合作社，1958年改建为地方国营丹阳漳绒厂。同年，丹阳县丝织合作工厂和丹阳回纺厂开办，其中也有漳绒生产。

---

〔1〕 商大民：《苏州近代丝织业浅述》，http://maqi.02.blog.163.com/blog/static/114138788201092373350211/。

1959 年，丹阳生产的花络绒、七彩绒、牡丹花漳绒、锦绒等七个漳绒品种选送南京、北京展览馆展出，同年丹阳漳绒厂改为丹阳布厂，从事纺织生产。1974 年，丹阳回纺厂改建为漳绒丝织厂，成为专业的漳绒生产厂家。[1]这个漳绒丝织厂到 1996 年底已发展成为拥有 1 600 余名职工，固定资产达 1.5 亿元的国家大二型企业，但其主业已非漳绒生产。2001 年，丹阳市漳绒丝织厂改制成为丹阳市鑫隆纺织有限公司，属镇江市较大规模的民营企业，固定资产 1.86 亿元，员工 1 299 人，年销售额达 2 亿元，所产产品更与漳绒无关；其中的漳绒生产车间早在 1994 年就被天鹅绒织造技艺传承人景云买下，单独运营。[2]

此外，丹阳市还有一个春明漳绒厂，是一家历史不长的私营企业。自 1995 年起，他们开始探索机械织造漳绒和天鹅绒，2001 年实现织造工艺的半自动化。因其产量高、质量稳定，这一技术于 2004 年被国家授予“实用新型专利证书”。其生产的漳绒和天鹅绒采用桑蚕丝为原料，坚固耐磨，光泽艳丽柔和，绒毛挺立丰满，富有弹性，久压不倒。2006 年 10 月 31 日，由丹阳市春明漳绒厂申报的天鹅绒织造技艺，首先被镇江市人民政府公布为镇江市非物质文化遗产，随后又被江苏省政府公布为江苏省首批非物质文化遗产，但其所使用的已非传统的漳绒生产技艺。[3]

除丹阳之外，江苏常州、浙江桐乡及海宁等地也都曾有过传统的漳绒或漳缎生产，但规模不大，时间也不很长。

---

〔1〕《丹阳县志》第二节《丝绸工业》，http://szb.zhenjiang.gov.cn/htmA/fangzhi/dy/0802.htm。

〔2〕《京江晚报》2007 年 7 月 2 日。

〔3〕 http://www.178sw.com/fangzhigongsib/99915/jieshao.html.

第二章

绒织物的基本特点是在织机上经纬交织，绒经起绒，形成绒圈，最后可以选择性地进行割绒，形成绒毛。但其中也有很多变化，形成无数种不同的品种。包铭新曾对此进行过较为系统的归纳，将起绒丝织物分成机织起绒和手工起绒两个大类〔1〕，我们这里所讨论的天鹅绒其实就是机织起绒。在机织起绒中，包铭新又将其分为两个大类，即素织物和纹织物。素织物分素绒、雕花绒，还有双面绒和玛什鲁布。纹织物下的种类更为丰富，有素绒、玛什鲁布、双面绒、雕花绒、同色漳缎、异色漳缎、多色漳缎、敷彩漳缎、全彩绒、金彩绒、绒地妆花、二色绒、三色绒和彩地彩纬绒等。

本书以对加拿大皇家安大略博物馆所收藏的中国古代绒织物的分析为基础，根据众多学者对中国古代绒织物的论述，提出了新的分类设想。（表 2-1）以下就以这一分类方案对中国古代天鹅绒的品种进行介绍。

表 2-1　天鹅绒分类

<table>
<tr><td rowspan="4">天鹅绒</td><td rowspan="4">素织物，不提花</td><td rowspan="2">素绒</td><td>单面绒，绒经一色，全割绒</td><td>素绒</td></tr>
<tr><td>单面绒，绒经花色，全割绒</td><td>玛什鲁布</td></tr>
<tr><td>双面绒</td><td>双面绒，绒经一色，全割绒</td><td>双面绒</td></tr>
<tr><td>雕花绒</td><td>单面绒，绒经一色，部分割绒，分毛地和圈地</td><td>雕花绒</td></tr>
</table>

〔1〕 包铭新：《我国明清时期的起绒丝织物》，《丝绸史研究》1987 年第 4 期，第 21 ~ 29 页。

续表

天鹅绒	纹织物，提花	绒缎	一组绒经，一组地经，绒地同色	同色绒缎
			一组绒经，一组地经，绒地异色	异色绒缎
			多组绒经，一组地经，绒地异色，绒经部分割绒，有毛有圈	多色绒缎
			一组绒经，一组地绒，绒经敷彩，绒地异色	敷彩绒缎
		彩纬绒	一组绒经，多组彩纬显花	全彩绒
			一组绒经，多组彩纬显花，包括金线	金彩绒
			一组绒经，多组彩纬，包括金线妆花显花	绒地妆花
		彩经绒	只见绒经，不见地经，绒经二色	二色绒
			只见绒经，不见地经，绒经多色	三色绒
		彩纬彩经绒	多组绒经，多组彩纬组合显花	彩经彩纬绒

传统的起绒织物均为经线起绒。织造时经线可以分为绒经和地经二组，地经与地纬织成基础组织，也称底板组织，绒经一般与起绒杆或称假织杆交织成绒圈，再视品种不同割成绒毛。绒地妆花或是全彩绒等品种则需再加一组特结经（俗称门丝）用于固结纹纬。不管是素绒织物还是提花绒织物，织物表面必有立绒或绒圈，立绒或绒圈的产生全依赖于起绒杆。起绒杆也称假织杆，过去用竹子一类的材料削成

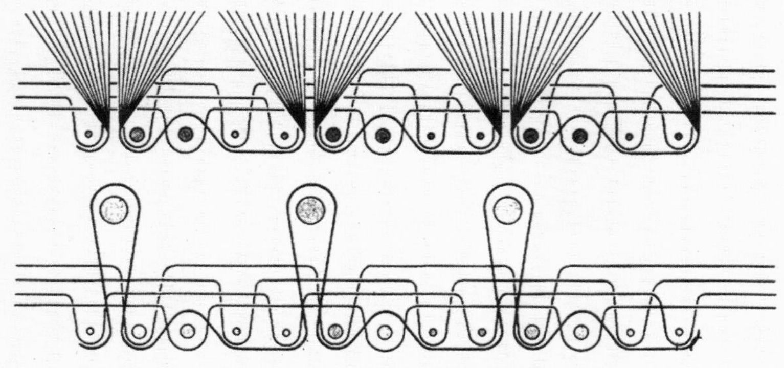

图 2-1　天鹅绒起绒原理图

细杆,后期用钢丝来代替,其直径的粗细确定绒圈的大小或绒毛的长短。织造时绒经包围硬质的起绒杆浮于织物表面,地纬与地经交织形成地组织。(图 2-1)

素绒(素剪绒)

素绒的基本概念就是不提花的素织,织成之后全部割绒形成一体均衡的绒毛,这无疑就是最简单的绒织物。(图 2-2)其品种名称有单色素绒、素剪绒、抹绒、平绒、建绒、倭缎、漳绒等,它们都应是全部剪绒的素织物,只是质量、外观有高下精粗之分,名称或因产地、习俗而异。这里,剪绒指的是全部都剪绒的绒织物,一般来说,这类素绒的绒毛较长;建绒是指南京生产的绒,因为南京旧称建康、建业;南京织绒工匠多住孝陵卫,故又名卫绒;倭缎也是一种剪绒,其名自明代就有,清初规定官服领缘等均用倭缎镶边,从大量康熙时期服装来看,所用绒边均为素绒,即为倭缎。

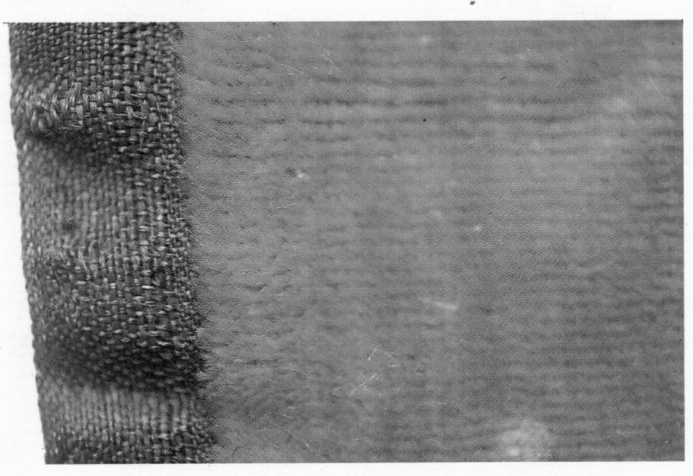

图 2-2　素绒

单色素绒或称素剪绒。织绒时所用的地组织一般都是较为简单的基础组织,有时用平纹或重平组织,但更多使用四枚经面斜纹,其中较多的是标准四枚斜纹，也有用四枚破斜纹的。素绒的经丝分为绒经和地经两种，织造时使用双经轴，分别卷绕绒经和地经，绒经耗费较多，送经较快，而地经耗费较少，送经较慢。地经和地纬交织成基础组织，作为织物结构的地部；绒经一般和假织杆交织，形成起绒组织。由于是素织，织机上没有提花装置。织造时按次序织入地纬和假织杆，地纬与地经织成地部后固结绒经，而绒经与假织杆交织后很快就用专门的割刀割断绒经，形成直立的绒毛。绒经和地绒之比一般为1∶2至1∶3，最后织成的单色素绒都是剪开的绒毛。

现存最早的绒织物是中国丝绸博物馆所藏的绒缘风帽上的素绒，其基础组织用的还是平纹。但苏州明代万历年间王锡爵墓中出土的一顶忠静冠上用的深蓝色素绒，则是用四枚斜纹来做地组织的，这是目前所知中国纪年墓中出土最早（1611年）的一件绒织物[1]。（图2-3）

图2-3　王锡爵忠静冠上的素绒

单面绒中还有一种是新疆及中亚地区的玛什鲁布。玛什鲁布的

---

〔1〕 苏州市博物馆：《苏州虎丘王锡爵墓清理纪略》，《文物》1975年第3期，第51～55页。

绒经用的是扎经染色而成的丝线，因此丝线本身就带有图案和色彩，用它当做绒经，与起绒杆交织，形成绒圈。随织随割，彩色的经线全部形成直立的绒毛，极为漂亮。[1]虽然这类扎经染色的丝绒在清代曾作为贡品进入过内宫，但在内地并无流行，以至极少为人所知。

素绒中还有一种称为抹绒，采用后处理方法加工形成绒的图案。它使用植物胶质，透过花版印在绒织物毛面上，并将印有胶质糊料的图案绒毛抹倒朝向一个方向，这样，绒的表面就产生了两种不同光泽的绒毛，从而形成绒的花纹。所以，抹绒是一种通过后加工形成的织物效果，其本质还是素绒。

双面绒

图 2-4　定陵出土的双面绒

双面绒的实例在国外基本未见，仅在明代万历帝的定陵中出现过。据报道，定陵曾出土一件双面绣龙方补方领女夹衣。这件夹衣的面料是一种绒，不过，这种绒的正反两面都起绒毛，因此很难看清其中的地部组织。经过分析，双面绒的地经与绒经比为2∶1，正反面一上一下顺序织入起毛杆，地部由地经和地纬织成平纹，绒毛长达5毫米[2]，织物丰

---

〔1〕 宗凤英:《明清织绣》,(香港)商务印书馆2005年版,第151～153页。

〔2〕 刘柏茂、罗瑞林:《明定陵出土的纺织品》,载《定陵》,文物出版社1990年版,第100页、第345～351页。

厚柔软又具有毛皮般的保暖性。这件素的双面绒上面还绣有龙纹装饰,更显得异常珍贵(图2-4)。

雕 花 绒

雕花绒的本质还是素织绒,没有提花。经丝也分成两组,一组地经,另一组绒经。纬线一是地纬,主要与地经交织,形成基础组织;另一是假织杆,或称起绒杆,与绒经交织,使绒经在织物表面形成绒圈。织成之后先将假织杆全部留在织物中,此时可有两种加工方法:一是抽去起绒杆,如此则织物表面留下绒圈;二是在起绒杆上用刀将绒经割断,如此则绒经断为绒毛。所以,加工方式不同,最后形成的品种也不同。

图2-5 雕花绒

雕花绒的基础组织与素绒基本一致,以四枚斜纹为主,但也有采用平纹的。绒经和地经之比多作2∶1,少量有3∶1的。与素绒不同,雕花绒不在机上割绒,而是在整匹织好后下机,置于“绒绷”(雕花架)上进行雕花,割断部分绒圈,形成立绒。立绒处是丝纤维的横截面,颜色较深,绒圈处是丝纤维的表面,颜色稍淡,由此形成花地色差来表现图案艺术。雕花前用绘有图案的纸样(图案部位带有针孔)覆盖在织物一定部位上进行扑粉,雕花则以此粉痕进行,雕花后抽出起绒杆,雕花处有立绒,不雕花处为绒圈。雕花有正雕和反雕二种,其中以绒毛显花、绒圈为地的雕法称为正雕,以绒圈显花、绒毛显地的雕法称

为反雕。(图 2-5)

绒缎(漳缎)

清代文献中记载的绒缎,应该是指以普通组织为地、绒组织起花的提花织物,这类织物人们一般称为漳缎。但漳缎一名常给人以仅产于漳州的误解,事实上它更多地产于苏州和南京,“漳缎”不如“绒缎”一名更为科学,因此我们在讨论其品种种类时称其为绒缎。

绒缎与前述素绒的根本不同在于绒缎是一种提花织物,它将事先编好的花本装于织机之上,织造时一边提花一边织造,通常是在提起绒经时的开口中织入起绒杆,绒经在此处形成绒圈,而在地部、地经和地纬依然织成基础组织,不形成绒圈。织物织成之后,起绒杆仍保留在织物之中,要待织物下机后才进行正式的割绒,切开花纹绒圈即呈现绒毛。当然,这里的绒圈也可以是部分地割开,形成绒圈与绒毛并存的状况,此为绒缎组织的又一种变化。

单色绒缎

不管是单色漳缎还是多色漳缎,每根绒经与起绒杆交织的次数是按照花纹显色来确定的,即绒经的用量是不一样的,起绒花时绒经用量大,不起花的缎地部分绒经用量少,此时经线的张力就不一样。张力控制是起绒织造的关键之一,因为提花的绒经张力随着花纹变化,提花绒的绒经不用一般的经轴,绒经不能笼统卷在同一根经轴上,因此提花起绒织物有一套特殊的独立送经装置,也称宝塔架挂经机构。绒经分别卷绕在绒管上,用泥砣的重量增加绒经退绕时的摩擦力,用料珠的重力保持绒经的张力。每根绒经在保持恒定张力的条件下可以单独伸展或收缩。这是提花绒织机与其他提花织机最大的不同之处。

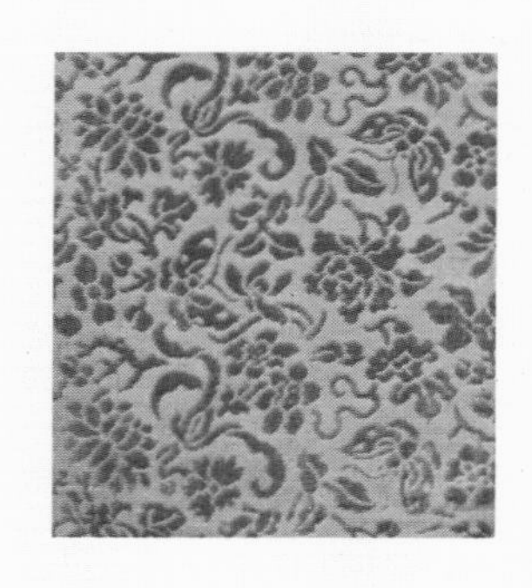

图 2-6　单色绒缎

绒缎的地组织为缎地绒圈，这种缎地的最典型组织是地经和地纬织成的六枚不规则的经面缎，织花时在这个缎地上用杆织法经起绒组织为花，绒根采用三根纬线的 W 形固结法。漳缎正面向上织制，起绒圈的假织杆位于正面，在机上织制一定长度后就可把绒圈割断，取出的假织杆即可用于继续织造，所以不需太多的假织纬来周转。绒根采用三根纬线的 W 形固结法，不规则六枚缎地可以有多种形式，而地经与绒经的排列比一般为 3∶1。后期生产的漳缎用八枚缎作为地组织，地经与绒经排列比为 4∶1。（图 2-6）

异色绒缎

在清代的绒织物中，绒经和地经的色彩可以相同，也可以不相同。但是地经本身的色彩只有一种，也就是说，其地色是统一的，没有变化，而绒经颜色则可以不统一，也就是说绒圈或圈毛可以有多种色彩。这样，绒缎可以按根本经线色彩的区别分为同色绒缎、异色绒缎、多色绒缎和敷彩绒缎四个大类。当绒经与地经同色时则为单色绒缎，属于暗花丝织物，这种绒缎是初期漳缎的主要形式。也有绒经和地经的色彩不相同的，这类绒缎可称为异色绒缎，或是异色漳缎。（图 2-7）异色绒缎实例极多，特别是到清代晚期，北方多用于衣料和室内陈饰。

图 2-7　异色绒缎

多色绒缎

多色绒缎的地经为一色，绒经为多色，其基础组织与单色的绒缎一样，大多采用六枚斜纹或破斜纹。绒经同时出现多种色彩，到起绒时各种色彩的绒经根据图案的需要分别与起绒杆交织，形成更为华丽的图案，而且，这些彩色的绒经还可以再一次根据图案的变化需要进行割绒或是不割绒，以形成绒圈和绒毛两种不同效果的绒织物。但事实上，绒经和地经之间的比例是基本一致的。

多色绒缎中还可以发生的变化是其剪绒可以留一部分绒圈和绒毛。目前所知，大量的多彩绒缎的绒圈均经过割毛，但也有一类多彩绒缎上的绒圈是部分割毛、部分留着绒圈的。这类织物的图案十分漂亮，多为缠枝花卉等，其母题虽是较为典型的中国题材，但其设计却不落中国传统图案窠臼。具体表现为绒毛作主体，边缘留有一圈绒圈。此类彩绒缎传世不多，大多生产于乾隆时期。（图2-8）

图 2-8　部分剪绒和部分不剪绒的多色绒缎

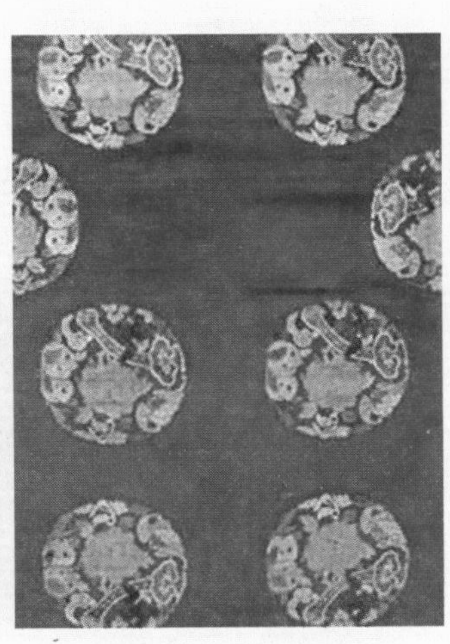
图 2-9　敷彩绒缎

敷彩绒缎

敷彩绒缎的实例不多，见于报道的只有故宫所收藏的一件。其织造方法是在漳缎剪绒之后再进行敷彩。这样的敷彩漳缎出现年代应该稍晚，因为早年的染料很难用敷彩的方法上染，只有化学染料传入中国之后才有这样的可能。（图 2-9）

彩经绒

如果一件绒织物上只能看到多色的绒经显花，而基本看不到地部，这种绒织物可以称为多色绒、多色天鹅绒或彩经绒。其表层的手感效果就像一般的素绒，满面是均匀的立绒，但不同之处在于它有着多种色彩的图案。全幅一般为二到三色组按等比例排列，其中在一个色组内还可以按条分色，由多根色条构成一个色组，这样表面的绒花色彩更为丰富。织造时用束综提花方式，把需要显花的绒经提起与起绒杆交织，不在此显色的绒经织于背面，最后织物呈现以地经色为缎地色、以多色的绒经显花的织物效果。

二色绒

彩经绒中较为常见的是二色绒，即用两种色彩的绒经显花。（图 2-10）如现藏加拿大多伦多皇家安大略博物馆的一件双色绒椅披，采用的是龙纹，用蓝和暗红两种绒经交替显花。这种织物通体有绒圈并割成绒毛，看不到地部的缎组织，但还是属于提花绒织物。

三色绒

比二色绒更为复杂的是三色绒。同藏于皇家安大略博物馆的红地三色椅垫，呈方形，图案分两个区域，中心区域红地蓝花，四周有一

图 2-10　二色绒

边为红地绿花。这样，在中间区域就有红、蓝、绿三种绒经同时织入，六枚的不规则缎地与绒经的比例为 3∶3，在中间的红地蓝花处，绿色绒经只是沉于底部，如同地经一样，此时剪绒只剪红色与蓝色绒经；而在上下边的蓝色绒经沉于底部，绿色绒经与红色绒经互为花地，此时剪绒的对象就是红色与绿色绒经。最后，织物呈现三色的绒织物效果。（图 2-11）

图 2-11　三色绒

由于传统绒织物都是以经线起绒，而经线的色彩还是比较有限，所以其装饰效果总是与当时最为绚丽的妆花织物等有所差距。因此，当时的织工就在纬线上再下工夫，在绒缎的地组织上织入彩色纬丝或金银线，使绒织物的装饰效果大为加强，此类绒织物可以称为彩纬绒。在这类彩纬绒织物中，通常都将绒毛作地，形成一个较为统一的地色，以此确定此绒的基本色彩和风格。具体地又可分成几类。

全彩绒

将绒缎看做地，在地上插入彩色纬丝的织物可称为彩纬绒或全彩绒。（图 2-12）除彩纬外再插入金线装饰的在南京则称为金彩绒。还有一些织物的金线将地部组织完全盖没而形成了纹样背景，而由彩色纬丝形成装饰图案主题的则称金地彩纬绒。将彩色纬丝用小梭子挖花织入的品种则可称妆花绒缎，南京称为绒地妆花。由于绒织物的地经均用于固结绒经，无法再用来固结新插入的显花彩纬或金线，因此织工们采用了专门的接结经固结，织工称之为门经，包括妆花绒缎等。

金彩绒

金彩绒过去在南京地区生产量较大，它其实是一种通梭多彩织物，地部经起绒，由绒经包覆假织杆产生，花部由纹纬起出，尤其必不可少的是纹纬之一的金线。为便于在机上割绒，金彩绒正面向上织制，所以每次提花时要把不起花的部分提起，留下的仅是起花的一小部分，这导致提花工人拽花时很是费力，提的高度常常不能满足开口引纬的需要，因此在金彩绒织造时要安排第三个工人在经线的下方用长竹竿伸进略开的二层经丝之间，再抬高上层经丝以利于投纬，织造

图 2-12　彩纬绒

速度十分缓慢。金彩绒织物地纬和纹纬的用料特别粗，表面的纹纬密度较稀，织入的起绒杆较粗，绒毛厚密，织物厚重结实。金彩绒可用长短跑相结合的方法分段换色，地深花艳，立体感强，常用做装饰用料，改良后也作服饰用料。（图 2-13）

图 2-13　金彩绒

妆花绒

起绒织物中较为复杂的品种是妆花绒缎或称绒地妆花，也可以简单地称为妆花绒。故宫博物院收藏的一件黄地缠枝菊花纹漳绒料就是典型的绒地妆花品种〔1〕。织物的经向由地经、绒经、特结经三层构成，纬向也有三重构成，地纬、彩色纹纬包括金线、起绒杆。在织物中，地纬与地经交织成基础组织，同时，地纬与绒经交织，以固定绒根，纹纬显花时由特结经来固接，绒经与起绒杆交织织出起绒部分。在这一品种中，绒经反而是较为简单的地部色彩，复杂的倒是彩色和金色的纹纬。纹纬又可分为长跑、短跑和挖花盘织三种工艺。（图2-14）

图2-14　妆花绒

〔1〕 宗凤英：《明清织绣》，商务印书馆2005年版，第27页。

彩经彩纬绒

从理论上来说，有了彩经绒和彩纬绒缎，就可以有彩经彩纬绒。这种组织应该是天鹅绒中最为复杂的，它采用一种色彩作地经，多种色彩作绒经，同时再用多重彩色纬甚至是金线或妆花彩纬进行纬线显花，代表中国古代天鹅绒织造工艺的最高水平。但是，在目前所知道的绒缎中，尚未发现这类品种的天鹅绒。

第三章

与一般的丝织品相比，天鹅绒的织造技术大有不同。首先是因为天鹅绒织物上有绒经，绒经由于凸起于织物表面，所以需要特别长的经线，必须提供专门的送经装置。如果绒经不提花，所有的绒经长度相等，那只要一个专门的绒经轴就可以了；如果绒经提花，则各绒经之间的长度亦不相同，那么每根绒经都需要一个专门的供经装置，即在经架上的绒经管。另一个特点是织绒时为了形成绒圈，得织入起绒杆，也就是假织杆。绒圈在织好之后要经割绒才能形成绒毛，割绒可以边织边割，或是下机后在专门的花架上割，这又是一种专门的机构。因此，在天鹅绒的织造过程中，不同的品种有着不同的生产技术。

漳绒织造技术

现存的漳绒生产

绒的织造技术在丝织品生产中是非常特殊的一种，极易失传。中国最早开始生产天鹅绒的地点主要是漳泉一带，天鹅绒在中国因此而被称为漳绒及漳缎。但正如前述，这一带的天鹅绒生产到清代中期开始日渐式微，到太平天国之后更是一蹶不振。近代虽也有热心人士试图通过各方努力恢复漳绒的生产、传承技艺，但均未成功。因此，漳绒和漳缎仅得漳地之名，实际已非漳州所产。

绒的生产重心后来移至南京和苏州一带。清代早期，天鹅绒的生产十分兴盛，技术也有不断创新。但到鸦片战争后，国外呢绒和机制丝绒等大量来华倾销,而国产天鹅绒基本还是沿用手工织造技术,因此织绒业受到很大冲击。由于漳绒产品工艺复杂,手工操作,产量有限,至20世纪50年代,其工艺濒临失传。

20世纪50年代,新中国成立不久,江浙各地又开始恢复天鹅绒特别是漳绒的生产。苏州于1950年重新成立苏州市漳绒工业同业公会,开动织机六百多台,生产漳绒十多万米。其所用技术主要依然采用传统技术,用动力织机织绒者仅十余台。1956年苏州出现公私合营的织绒厂,先有新光漳绒厂,后有东风丝绒厂。此后,所用织机开始采用脚踏人力铁木机,后又改进为电力铁木丝绒机,同时采用割绒机。1979年,为了抢救即将失传的传统漳绒生产技术,苏州创办漳绒丝织厂,设置传统绒机10台,重新开始手工织绒和割绒生产。现在苏州漳绒厂早已停产,漳绒生产仅在苏州丝绸博物馆有所保存。

南京的情况与苏州相似。20世纪70年代起,漳绒再度被市场重视,但由于手工织造制作费时,1980年达到的最高总产量也不过是两千多米,主要用于制作礼物。由于南京当地对云锦的重视,漳绒也作为云锦的一个品种而被保留与恢复。80年代时曾一度恢复生产雕花天鹅绒,但由于割绒技工缺乏,生产出的漳绒质量还是很成问题。

漳绒生产也在浙江嘉兴一带出现过。海宁曾在20世纪60年代开办过一个漳绒厂,但存在时间不长。桐乡屠甸也曾有一个漳绒厂,1982年前后,全厂仅漳绒机2台,割绒机1台,全为手工生产。说明漳绒的织造技术当时也曾较广泛地传播,但现已不存。

2006年底,漳绒被江苏镇江评为市级非物质文化遗产,随后又被江苏省评为省级非物质文化遗产,但代表漳绒申报非遗的是丹阳春明漳绒厂,他们并无传统的漳绒生产。漳绒生产在南京和苏州仍有保存。南京云锦研究所和苏州丝绸博物馆以展示传统技术和小量生产为主要目的保存了漳绒和漳缎的生产。2000年前后,苏州丝绸博物馆王晨以馆里保存的生产工艺为主,进行了漳绒、天鹅绒和漳缎的传统工艺调查。2008 年前后，南京才华公司为故宫博物院定织了妆花绒缎，重新恢复了妆花绒的生产技术，成为天鹅绒生产中的佼佼者。本文中的技术部分则以苏州丝绸博物馆和南京才华公司的调查为基本材料。

漳绒织机

漳绒由于有两组经线，绒经长，地经短，因此要两个经轴同时送经，但送经有快慢。漳绒不是提花绒，只是素织而已，因此其使用的织机是一种双经轴的素织机。

目前所知的记录了漳绒织机的图画资料很少，其中有两幅由中国画家绘制，藏于法国国家图书馆。一幅上有题注："割封绒：织封绒有铁线穿住，旋织旋割，则成封绒。"（图 3-1）这里的"封"，其实就是"倭"

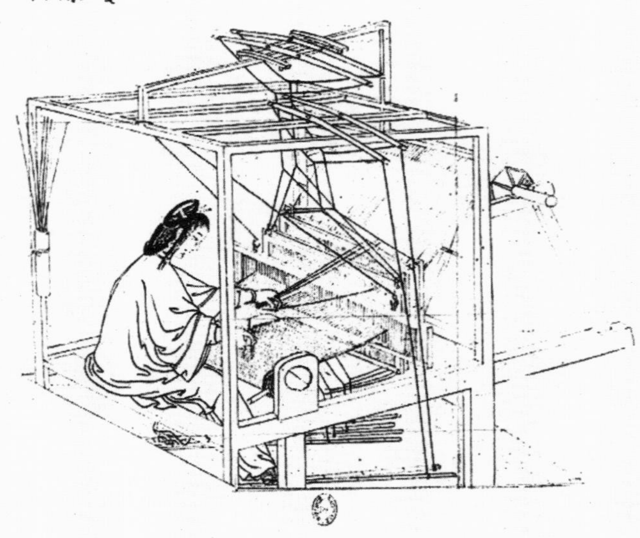

图 3-1　割封绒图

的谐音。另一幅上则没有题注，但图中可以看到明显的双经轴，织工的身旁有一堆铁线，另一位辅助工的手上拿着割刀，所画明显应该是漳绒织机。（图3-2）此外还有一幅是1880年海关官员罗契（E. Rocher）在调查江南丝绸生产情况时的绘图[1]（图3-3）。从这几幅图来看，织素绒或雕花绒用的专门漳绒机，其实只是不带花楼的一种斜身式织机，绒织机上有特征的部件是其起绒杆和送经装置，这与今天保存的漳绒织机基本一致。

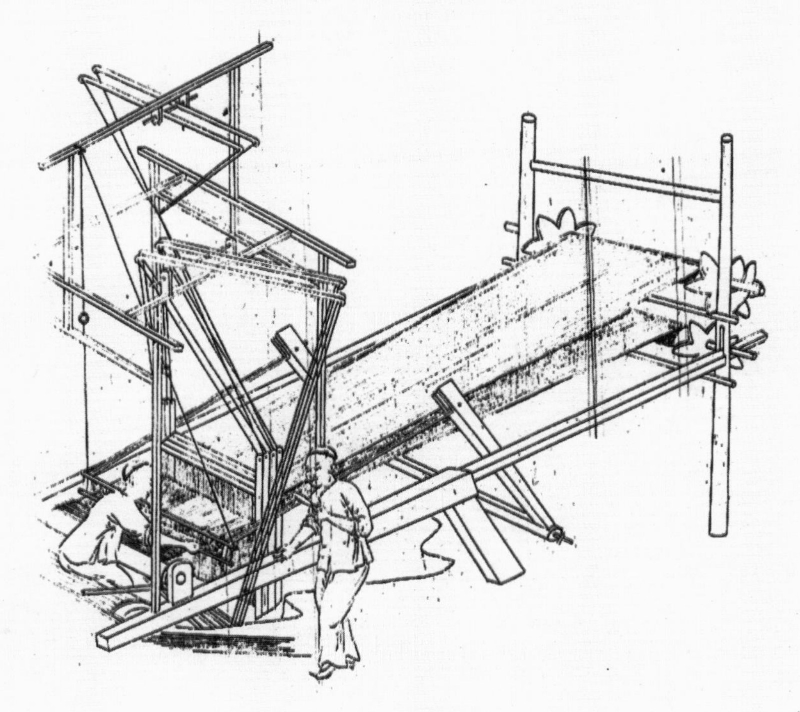

图3-2　织漳绒图

在明清之际用于织制平素类织物的织机中，主要流行的是互动式

〔1〕 Norman Shaw, The Maritime Customs, Silk: Replies from Commissioners of Customs to Inspector General's Circular No. 103, Second Series, Published by Order of the Inspector General of Customs, Shanghai, 1917.

图 3-3　罗契测绘的漳绒织机

双蹑双综机。这种织机的特点是采用下压综开口，由两根踏脚板分别与两片综的下端相连，而在机顶用杠杆，其两端分别与两片综的上部相连。这样，当织工踏下一根踏脚板时，一片综就把一组经丝下压，与此同时，此综上部又拉着机顶的杠杆，使另一片综提升，形成一个较为清晰的开口。要开另一个梭口时，就踏下另一块踏脚板。这在江南农村中称为绢机。汪曰桢《双林镇志》中记载了绢机上的一些部件："机上坐身者曰坐机板，受绢者曰轴，绞轴者曰紧交绳、曰紧交棒，过丝者曰筘，装筘者曰筘腔，撑绢者曰幅撑，挂筘者曰捋滚绳，上曰塞木，推竿者曰送竿棒，提丝上下者曰滚头，有架有线，挂滚头者曰丫儿，踏起滚头以上下者，有踏脚棒，有横沿竹。"我们现在依然能在民间看到大量的双蹑双综机，基本上就是这种型制。

我们所看到的漳绒机的机架部分采用的其实是提花织机的前半段机身，它与绢机的区别主要在于：一是机架有着完整的门楼，使得机架上可以安置各种挂件；二是机下有地坑，踏脚杆等在地坑之中；三是提综部分比一般的绢机更为复杂，同时采用起综和伏综，综片的传动方法与提花机上地综相同。现在以中国丝绸博物馆所存漳绒织机为

例进行说明[1]。(图 3-4)

1. 机架

机架又称机身,是织机的基本结构。它就像一个稍稍倾斜的楼房,机头处最低,机后身稍高。其底部就是一个木框,长长的两侧称为排檐,用前后机腿撑起,前机腿矮,后机腿高,前接倾斜。两排檐之间,各有前横档和腰横档相连,基本形成了机架的底座部分。

图 3-4 中国丝绸博物馆中的漳绒织机照片及其线描图

机架的上身由插在排檐上的四根楼柱撑起,形成前后两个门楼。每个门楼的形状有些像“冂”或“冉”字形。前门楼的两侧楼柱就称为前楼柱,上面有两根横木,顶上的称为前柱帽,下面的一根称为前夹木,中间直的一根称为前桥桩。后门楼比前门楼稍高,各部件就分别称为后楼柱、后柱帽、后夹木和后桥桩。

前后门楼的顶部有三根木杆相接,就像楼房的梁。中间最顶上的称为中架梁,左右两侧的称为左架梁和右架梁。中架梁上安装弓棚,下接伏综,右架梁(也可以是左架梁)上安装鸦翅,下连起综。这样,一个漳绒机的机架就形成了。

2. 踏杆与综片运动

织机最为重要的部分是开口系统,控制开口运动的是综片以及带动综片运动的踏杆连接机构。

漳绒机上的综片都是地综,其中有伏综和起综两个系统。伏综又

---

〔1〕 中国丝绸博物馆所藏漳绒织机的原型来自南京,由中国工艺美术大师金文于 2005 年指导制作。

称障子或栈子，即下开口的综片，综框里的综线穿成下开口的综眼。障子下部中间用线与一组竹踏杆相联，踏杆踏动时障子下沉。而障子的上部由八字竹再连接到位于中架梁上的弓棚系统。弓棚是由一组竹片制成的横杆，踏杆带动障子下沉时，弓棚两头弯曲，而当踏杆放开时，弓棚靠其弹性自动回复到原位，带动障子提升。起综又称范子，即上开口的综片，由踏杆通过横沿竹，即横竹杆，在另一侧拉下位于右架梁上的鸦翅。鸦翅其实是个杠杆，一侧拉下，另一侧就会上升，提起下面的范子。如果放开踏杆，则范子靠自重回复。

踏杆和综片的形式及数量可以根据不同的绒组织来进行选择。目前漳绒常采用四片伏综控制地经，两片伏综和两片起综控制绒经，因此共用六片伏综和两片起综。与此相应，踏杆共需八根，其中六根直接下压，上有六片弓棚，两根通过横竹沿提升两片鸦翅。不过，织工所坐之处须有地坑，所有的踏杆也均位于地坑之中。

3．卷布与送经机构

卷布与送经机构控制了织机上的经线运动。其卷布部分是布轴，或称织轴，被固定在两侧排檐之上的两个狗脑之间，狗脑也称兔耳，也就是固定织轴的轴承。由于漳绒织造时要织入起绒杆，如不雕花，织工通常是边织边割绒。割后如要保持绒毛的挺立，就必须在卷布时在各层之间有所隔离。因此，漳绒使用了另一个卷布轴。这个卷轴位于后楼柱之下，比一般的卷轴要大很多，称为辘角盘，每层漳绒之间的隔离板就被称为隔绒板。

漳绒的送经机构共有两个经轴，一高一低，一般是绒经在上，地经在下，位于机身的后接之上。机后支架称为称庄，是支承经轴的机构，经轴在文中称的杠，平时又称滕（音称）子，故名称庄。

4．打纬机构

打纬用筘，打纬之时需用辅助设施增加打纬之力，《天工开物》中称其为叠助。叠助即立人，又称三凳架，在立人底座上，一侧一根，立人顶端称为马头，各穿入一根撞杆，由立人销固定。撞杆前端插入筘框两端的牛眼，用上下二根牛鼻绳调节固定。

撞杆的倾斜程度直接关系到打纬的力度。宋应星《天工开物》中说明了“均平不斜之机”和“斜倚之机”的主要区别在于前者打纬力微，适织包头细软，而后者力雄，可织较厚重的织物。事实上，漳绒和漳缎都是较为厚重的织物，需要的打纬力大。立人宜高，撞杆宜斜，此时织机机头直接着地，踏脚杆入机坑，机身斜倚，漳绒机倾斜的原因就在于此。

5. 引纬工具

漳绒机上的引纬工具有两种，一是梭子，二是起绒杆。漳绒所用的梭子比一般织机上的稍小，主要是因为织绒时的开口一般较小，因此，梭子之中的纬管也比常规的要小，而且纬管中部还带有凹形。起绒杆有竹丝和钢丝两种，传统的以竹丝为主，今天则以钢丝为多，其直径通常约0.1厘米，其长度根据具体织物稍长于幅宽。这些起绒杆在织造时都被置于丝管之中，由于丝管的管径细长，管内只能放置少量的起绒杆，因此，每当织入数寸之后，织工就会先把绒圈割断，然后再继续织造。

漳绒的生产工艺

1. 织物的规格

根据苏州丝绸博物馆生产的漳绒分析测得，漳绒的地经线选用生染色桑蚕丝，其规格为[1/20/22D8T/S×2]6T/Z，这样织物的质地就可变得较为挺括。绒经采用熟染色桑蚕丝，其规格为[1/20/22D8T/S×2]6T/Z×3，这样得到的绒毛会较细腻，富有光泽。由于绒经加有一定捻度，其绒毛能挺立不倒。纬线由两种不同的生染色丝组成，原料规格分别为[27/29DS×9]和[27/29DS×4]。此外，起绒杆的规格为直径0.5~1毫米左右的不锈钢丝，钢丝的粗细主要根据不同需要的绒毛高度来决定，但从割绒工艺的要求来看，不能细于0.5毫米，否则无法割绒。

织物的主要规格为：成品幅宽 72 厘米，地经经密 43.8 根 /厘米，绒经经密 21.7 根/厘米，重量 200 克/平方厘米，46.5 姆米，筘号 10.94 齿/厘米，筘外幅 72 厘米，每筘齿穿入 6 根经线（4 根地经、2 根绒经）。地经总数为 3 064 根，绒经为 1 520 根，边经 64 ×2 根[1]。

2. 整经工艺

整经是将丝线平行地在经轴上整齐排列，并按某种规律进行分组的过程。早期整经可直接在织机上进行，不需要或只需要极简单的专门工具。后世常见的两种整经方法为轴架式整经工艺和齿耙式整经工艺，分别由直接整经上机法和地桩式整经法发展而来。但每逢织造较宽的织物门幅，则将两者结合——这在宋人《耕织图》中可以看出，图中经耙、经架、经牌和引轴出现在同一画面上。事实上，天鹅绒的整经工艺采用的也均是齿耙和轴架相结合的工艺。其过程是先将丝线通过经架汇于经牌，再上于经耙，经耙的木橛长度有限，只能承受少量的经丝，把这些经丝分段分区地卷上引轴，才完成整经的全过程。

3. 漳绒的装造与织造工艺

清代之后，漳绒通常采用四枚斜纹作为地组织，也就是地经和地纬要交织成四枚经面斜纹，而起绒杆和绒经织成规律一致的起伏固结即可。因此，漳绒织机上的综片一般分为两组，一组是由下开口伏综组成的地综，共有四片，排在后面。每根地经依次穿过四片综，这四片综上面由弓棚挂起，下面由踏脚杆连接。织造时，地经统一向上提起，但四根地经之中会有一根需要下压。此时，织工用脚踏下一根竹杆，就会压下一片综，形成一个纬组织点，最后织成四枚的经面斜纹。另一组综片控制绒经，这组综片也有四片，排在靠近织工的面前。其中，最前的两片是伏综，均为下开口综，另两片是起综。绒经分别将奇数经穿入第一片伏综的下半综和第一片起综的上半综，偶数经穿入第二片

〔1〕 钱小萍主编:《中国传统工艺全集·丝绸织染卷》，大象出版社 2005 年版，第 422 页。

伏综的下半综和第二片起综的上半综，这样，绒经既穿入起综也穿入伏综，伏综也用踏脚杆下压，并用弓棚回复，而起综则在踏脚杆踏下时，另外通过横沿竹连接老鸦翅提起起综，这样可以使绒经按组织结构的要求，在地经之上或之下形成不同的梭口，以达到 W 形固结的结构。

漳绒的绒经和地经比一般是 1∶2，但在一个组织单元内是 4∶2，因此，织制漳绒时的穿筘方法是四根地经和两根绒经穿过一个筘齿。

与普通织物相比，漳绒的织造中要织入起绒杆。织成之后起绒杆要抽出，这种方法称为杆织法。操作时，每织入三纬后织入一根起绒杆，起投纬次序是粗纬、细纬、细纬、起绒杆。（图 3-5）

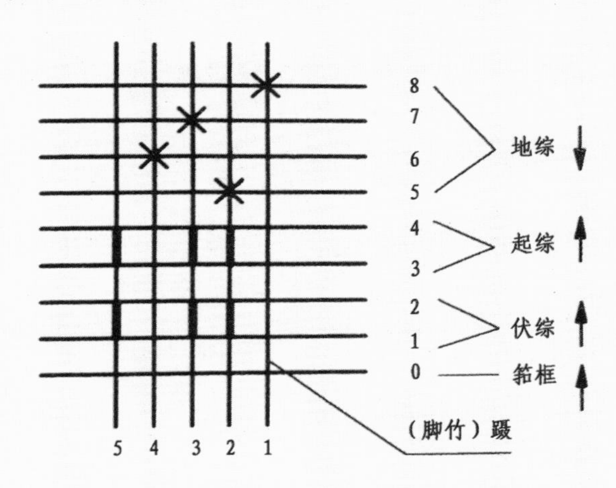

纬序	脚竹	筘框	伏综	起综	地综	投纬
1	1				8	甲（粗纬）
2	2		1.2	3.4	5	乙（细纬）
3	4				6	乙（细纬）
4	5	提起	1.2	3.4		起绒杆
5	4				6	甲（粗纬）
6	3		1.2	3.4	7	乙（细纬）
7	1				8	乙（细纬）
8	5	提起	1.2	3.4		起绒杆

图 3-5　漳绒踏杆与综的关系及踏杆投纬次序

现在,苏州称漳绒与天鹅绒是有所区别的。苏州人把素绒称为漳绒,雕花绒称为天鹅绒。天鹅绒采用的是变化斜纹作地组织,这种变化斜纹是四经六纬的变化斜纹,此时的穿综工艺就会稍有区别。(图3-6)

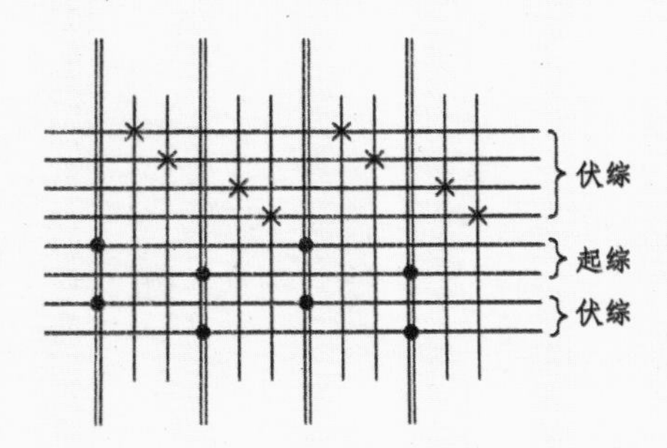

投纬顺序	脚踏杆顺序	综片顺序
甲	3	5
乙	1、2、4	1、2、3、4、8
乙	5	7
丙(起绒杆)	1、2	1、2、3、4
甲	5	7
乙	1、2、6	1、2、3、4、6
乙	3	5
丙(起绒杆)	1、2	1、2、3、4

图3-6　天鹅绒踏杆与综的关系及踏杆投纬次序

漳绒的割绒技术

漳绒的割绒技术共有两种:一种是把绒圈全部割开,割成素绒;另一种是把部分绒圈按图案的需要割开,就是雕花绒。前者只需边织边割,在织机上进行,而后者则必须在下机之后进行专门割绒,称为雕花或刻花。

漳绒的割绒工具虽然均为刀,但可以根据用途分为两种。一种是边织边割的割绒刀,另一种是织成后一并在雕花架上进行雕割的雕花刀。边织边割的割刀是一片刀口呈弧形的钢刀,两面安有钢丝,钢丝在割的过程中嵌在匹料的钢丝沟槽中,因为绒经较细,因此对割的技术要求相对低一些。(图3-7)而雕花刻刀一般是自制的,材料为锋钢或白

图3-7　机上割绒刀

钢，形状与刻图章的刀类似，匹料在绷架上绷紧后，要求刀在钢丝正上方刻断绒经。一般雕花绒经密度或粗细要高于漳缎，所以对工人的技术要求高一些（手指和手腕的力量要大而稳）。

制雕花绒必须有雕花架，雕花架形状很像一张引床，有四根直柱和四根横档。床的两端分别固定有包括起绒杆在内的织物成品和已雕好的天鹅绒成品[1]（图3-8）。雕花的次序为：先将织物在雕花架上平展安放，两端用卷轴固定；根据所设计的图稿在织物上用白粉描稿，然后用快口钢刀，沿着花纹轨迹将起绒杆上的绒经割断；当全部花纹都雕完后，再用力拔去起绒杆。有时起绒杆比较难拔，可事先在起绒杆上加一点醋，拔时用炭火在雕花架上适当烤烘，这样就较容易拔出了。

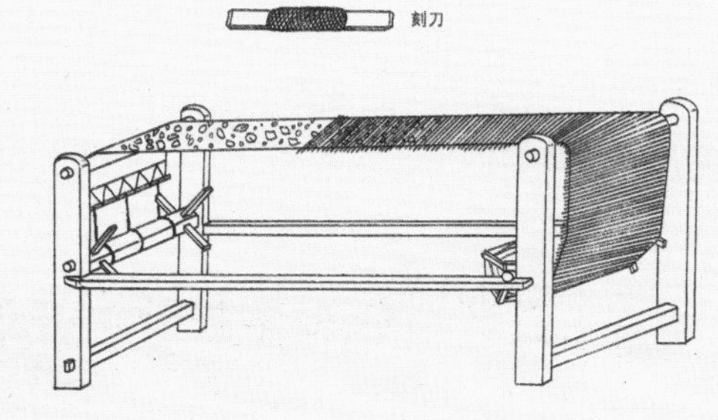

图3-8　漳绒的雕花架及刻刀

漳缎织造技术

现存的漳缎生产

南京生产漳缎据说由苏州传入，也有说是1892年由数家织户发明，光、宣年间，其业兴盛，男褂女袄，风行一时。20世纪20年代后落入低谷，1928年时南京漳缎织户只有四家，以魏松茂（魏正丰）为巨，

---

〔1〕 钱小萍主编：《中国传统工艺全集 · 丝绸织染卷》，大象出版社2005年版，第424～431页。

30年代初只剩魏正丰一家。1937年以后，江苏漳缎生产陷入绝境。

1949年以后，江苏将漳缎作为高档民族工艺织物，先后在苏州、丹阳恢复生产，但仍为手工生产方式。1966年，漳缎被指责为“封资修”产品，被迫停止生产。1979年苏州成立漳绒丝织厂，恢复漳缎生产，但因手工织造经济效益低，并国内制织技工后继乏人，漳缎木机从1982年的10台减为1987年的6台，年产量两千米左右。丹阳市漳绒丝织厂也只有3~4台保持少量生产。

图3-9 苏州丝绸博物馆中的漳缎织机

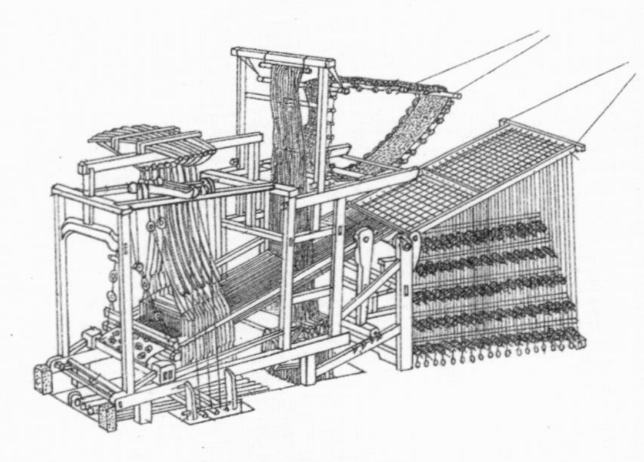

图3-10 漳缎织机线描图

漳缎织机

以下根据苏州丝绸博物馆所用的漳缎机为例介绍漳缎机的情况。漳缎机的整机长为610厘米，机宽为120厘米，机高(即地面到花楼柱高)为325厘米。漳缎机分为两段，前段为机身部分，后段为挂经部分，中间还有一个花楼，矗立在机身的中部之上[1]。(图3-9、图3-10)

1. 机身

漳缎机的机身其

---

〔1〕 钱小萍主编:《中国传统工艺全集·丝绸织染卷》，大象出版社2005年版，第132~147、422~423页。

实与漳绒机基本相同，它包括机架结构、踏杆与综片系统、卷布与送经装置、引纬和打纬工具四大块。机身的底座两侧是排檐，排檐之间有横档相连，前后有四条机腿支撑，呈前低后高倾斜。机架之上有四根楼柱，形成前后两个门楼。门楼顶部有三架梁，中架梁上安装弓棚，下接伏综，右架梁上安装鸦翅，下连起综。伏综和起综均由踏杆控制。

机身上其实还连着卷布装置和打纬装置，称为立人和立人座，立人中间通过撞杆连结竹筘，进行打纬。引纬的工具也和漳绒相同，为梭子和起绒管。

2．送经机构

漳缎的送经机构与漳绒不同，有着很大的区别。漳缎的经线也分地经和绒经，地经用的还是普通的称庄，与漳绒的地经轴位置相同，搁在的杠之上。但由于漳缎是提花绒，各绒经所需织造的长度不等，因此绒经的送经机构必须专门打造，这就是漳缎的挂经装置。

挂经装置主要有两个部分。一是排窗，也就是分经窗，用来固定经线及经管的位置。（图 3-11）排窗的宽度为 91 厘米，长度为 222 厘米。两侧的长档称为排窗挺，用硬质杂木制成，近机架处有排窗帽柱，方形，两端稍长于排窗宽度，呈圆柱体，以搁在由地经称庄生出的一个轴承之上，这个轴承称为排窗搁凳。排窗的另一端是后帽，中间有一较粗的横档，其余部分均由直径为 1. 2 厘米的光滑竹竿制成窗格，其中横格竹 74 根，直格竹 48 根。

图 3-11　排窗

挂经装置的另一个部分就是绒经架（图 3-12），由塔片架、塔片条和经管柱组成。塔片架的底座宽为 118 厘米，底座高约 20 厘米，塔片

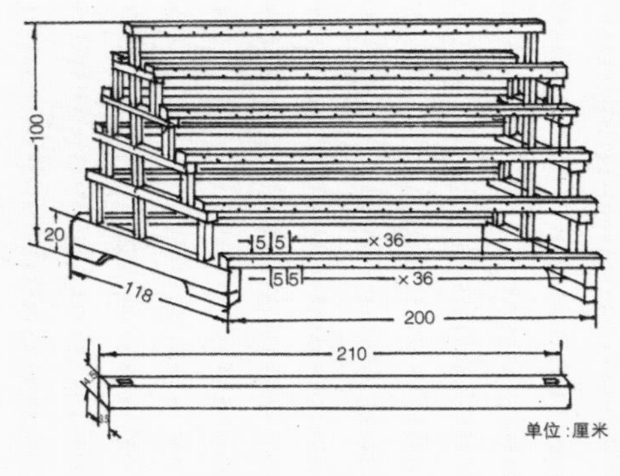

图 3-12　绒经架

架高度为 100 厘米,从底层到顶层共有六层,每层相差约 16 厘米。前后相距 200 厘米的两个塔片架就可以搭起一个完整的绒经架,中间用塔片条相连。塔片条共 11 根,顶层一根,其余五层各两根。每根塔片条上生有 72 根经管柱,方向朝外,但顶层的一根塔片条上两侧各有 72 根经管柱。这样共有 864 根(72 × 12)经管柱,可以安置 864 根绒经管。经管柱的材质现在用的是钢丝,以前则是坚硬的细竹竿。

绒经架安置在织机的后部,排窗一头搁在绒经搁凳上,另一头则由绳子吊起,使得排窗的平面前低后高,与机身的倾斜度基本一致。每一根绒经都是从穿在绒管柱上的绒管中引出,上面穿过对应的窗格,越过排窗帽柱之上再穿过相应综片。(图 3-13)帽柱上有光滑的搁经竹片,可以保证绒经不受损坏。为了使绒经形成一定的张力而不致飘浮,绒经管上要挂上料珠和泥砣。(图 3-14)

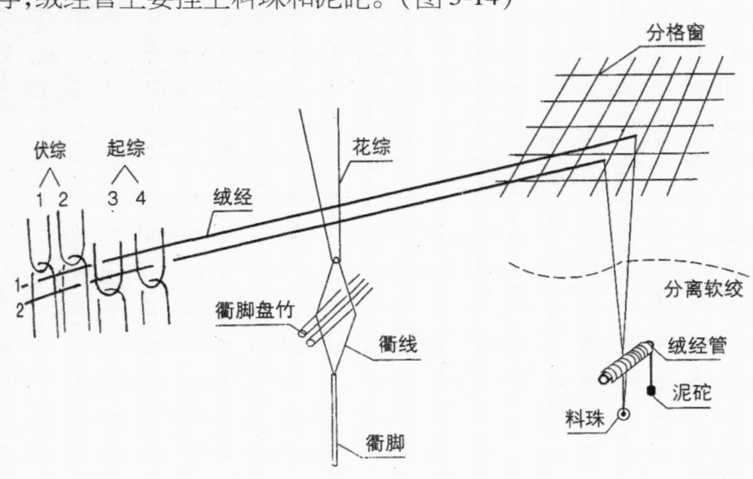

图 3-13　绒经装造示意图

图 3-14　料珠及泥砣

3．提花机构

漳缎机是提花机，需要花楼，所以，机身后侧、绒经架之前有一花楼。这花楼与很多提花机上的花楼是相同的，苏州织漳缎采用的是大花楼，名称也相同。

花楼有四根楼柱，分别直立在机身两侧的排雁上，从侧面来看，也是一个“冉”字形。但上面的两根横档都向后挑出，称为燕翅，它其实是用来搁提花坐板用的。织机最高的部位是花楼柱，又称冲天柱，是装花本支柱的。冲天柱顶上挂纤线的就是冲天盖，纤线就从冲天柱盖上挂下来。纤线上与花本相连，中间就是综线，经线穿过其中的综眼，下面接着衢线。衢线之下接着细竹竿做成的衢脚。衢脚又称柱脚或猪脚，上面有一个竹排的衢脚盘把衢脚分成几组，衢脚就悬挂在衢脚坑里。

这里最为重要的是花本与纤线的关系。这里的花本是环形花本，花本上有花本线和过线两种：花本线就是直线，环形成圈；过线是横线，与直线挑出图案。花本线与纤线交叉以传递花本的信息，需提升的纤线就被拉花工拉起。拉起的纤线要靠着冲天柱上的一根横档，这根横档可以转动，是滚柱，在拉动纤线的时候，滚柱会发出声音，所以称为花鸡。

图 3-15　制作提花绒织机花本的倒花（苏州丝绸博物馆）

这样的大花本提花功能已臻完善，可以织出各种图案。所以，在漳缎织物中，我们发现不仅有一般的四方连续图案，还有如裙料的织成图案，其中最大的一件是收藏于中国丝绸博物馆的、织有苏州“赵庆记头号漳缎”织款的漳缎，是一件衣料（见图 5-37）。这说明苏州的漳缎确实是使用大提花织机来进行织造的，在清代已达到极高的水平。《天工开物》载：“凡上贡龙袍，我朝局在苏、杭，其花楼高一丈五尺，能手两人，扳提花本，织过数寸，即换龙形。各房斗合，不出一手。赭黄亦先染丝，工器原无殊异，但人工慎重与资本皆数十倍，以效忠敬之谊。”此段记载也可适用于漳缎织机。（图 3-15）

漳缎的生产工艺

苏州丝绸博物馆用漳缎织机织造的藏青地牡丹梅蝶蝙蝠纹漳缎

(图3-16),图案源自苏州丝绸博物馆的一件藏品(见图5-38、图5-39)。该漳缎由两组经线和四组纬线交织而成,其中一组经线与纬线构成经面缎纹,另一组经线与一组起绒杆织成绒圈。经面缎纹可以有六枚和八枚的,这件织物采用的是八枚缎纹,地经与绒经的排列比就是4∶1。

图3-16　牡丹梅蝶蝙蝠纹漳缎图案

漳缎经线选用熟色桑蚕丝,地经规格为[1/20/22D8T/S×2]6T/Z,绒经规格为[1/20/22D8T/S×2]6T/Z×3。纬线由三种粗细不等的生色桑蚕丝组成,原料规格分别为3/30/35D、6/30/35D和9/30/35D,不必加捻。起绒杆的直径约为1毫米,用钢丝制成。这件漳缎的主要规格为:成品幅宽外幅73厘米,内幅71.5厘米,地经总数为6 912根,绒经为864根,4花。

漳缎织造整经、制纬中的大部分工艺与漳绒相似,其中最为复杂的是绒经的装造。因为绒经是提花经线,必须穿过纤线,同时绒经还是独立送经的,要从绒经架上引出,所以漳缎中的绒经装造就显得特别复杂。牡丹梅蝶蝙蝠纹漳缎上的绒经总数为1 728根,需864只绒经管双根卷绕,从绒经管送出的双根经丝穿入一个玻璃状的、直径为0.2厘米的料珠空孔内,并将其悬挂在距绒经管10厘米左右的位置上,丝线向上引伸,以此形成向下的约6~8克的重量,使经线保持一定的张力。另一方面,在绒经管的插入端挂上一个约6~8克重的泥砣,使小巧的绒经管也有一个向下的重力,这样就使绒经在送出时也具有一定的张力。

漳缎的割绒技术

由于漳缎在织造时要边织边割绒,所以织物必须正织。此时,要求穿入地经的地综采用向下运动的伏综,使之下开梭口。而绒经要穿过地综(包括起综和伏综)和大纤几层综片。绒经穿综时,要求每两根绒经同时穿入同一个纤线的综眼,然后再分别同时穿过起综和伏综。这里让绒经穿过作为地综的起综和伏综,主要是为了使其与地纬交织时更好地形成 W 形固结。

漳缎的割绒是在织机上割的,一般织成 20 厘米左右时,织工就得开始割绒。割绒刀与漳绒的割绒刀相似,两边由小木片夹住,用钢丝将其紧紧扎牢。割绒时,使刀口与起绒杆垂直,紧贴绒经,用力均匀地从左边划至右边,一气呵成。当绒经割断时,起绒杆就会自然脱离织物,在织物表面形成一块有图案的绒区。

妆花天鹅绒织造技术

目前所能见到的最为复杂的天鹅绒织造技术是在绒地上再用彩纬通梭或妆花织入的妆花天鹅绒,或称妆花绒缎。

妆花天鹅绒也许是南京的特产,因为南京云锦的最大特色就是妆花,他们能在所有的织物上都加上妆花。妆花是一种在地组织上插入各种彩色或变化的纬线的工艺,其基本组织是地络合组织,其织入纬线的方法可以是通梭或是挖梭,其纬线的材质可以是松散的丝线,包括片金和圆金的金线,还有可能是特种线。妆花天鹅绒就是在已有地经和绒经与地纬织成的绒缎上再进行织纬妆花所产生的织物。

早期南京地区生产量较大的天鹅绒品种为金彩绒,妆花天鹅绒是金彩绒的升级版,比金彩绒的织造难度更大。这一品种的生产技术早已失传,近年才由南京才华文化艺术公司复原成功。妆花天鹅绒在民间也被称为"挖花漳绒",原南京云锦研究所的老设计师张开诚认为,天鹅绒最早出自福建漳州,在明代的时候传到南京,但"南京继承并发展了漳州的起绒品种,生产有天鹅绒、雕花天鹅绒、彩花绒、金彩绒、挖花漳绒"。这种妆花天鹅绒外表雍容华贵,质地厚实暖和,每到寒冬就成了清代皇室成员的抢手货。乾隆当了太上皇以后,每年冬天仍要用妆花天鹅绒织造床褥,无论是对用料还是品质要求都特别高。[1]

复制黄地缠枝菊花纹妆花天鹅绒的缘由来自故宫一处建筑的修复。进入21世纪之后,故宫开始进行对乾隆花园倦勤斋的修复。(图3-17)倦勤斋是乾隆为自己退休之后居住修建的一处建筑,集中了当时全国各地最为能巧的工匠精心设计建造,是乾隆盛世建筑艺术的代表作。修复倦勤斋,同时也必须复原倦勤斋中的一些文物,其中就有黄地缠枝菊花纹妆花天鹅绒料。这件绒料,在倦勤斋中被用做炕垫。故宫博物院最后找到的复制工程师就是当时任职于南京才华文化艺术有限公司的戴健。

图3-17 乾隆花园中的倦勤斋

---

〔1〕 失传百年云锦工艺挖花漳绒匹料在南京被复原 http://www.microgift.cn/cn/detail.asp? id=777。

据说，供戴健分析的黄地缠枝菊花纹妆花天鹅绒料原料只剩了一米多长，已经残破不全。（见图5-48）戴健和他的同事们每次去故宫，只能在分析室里进行观察和记录，然后再回南京进行实验。这种妆花天鹅绒织物的经向有黄色地经52根/厘米，土黄色绒经26根/厘米，红色特结经26根/厘米，其中特结经在织物中起固结正反面的纹纬的作用，耗用丝线长度多于地经，地经和纹经必须占用两个经轴，另外1 800根绒经还要在绒架上独立而自由地伸缩。纬向也有三重构成，黄色地纬与地经交织成地组织，同时地纬与绒经交织以固定绒根，彩绒纬作为纹纬与特结经交织显花，绒纬与起绒杆交织织出起绒部分。纹纬分为长跑、短跑和挖花盘织三种工艺。

复制所用的提花绒织机与前述漳缎织机基本相同，但又多一根经轴，即有两根经轴和绒经架，一根经轴管地经，一根经轴管特结经，另外的绒经架管绒经。这种织机与苏州生产漳缎的织机大同小异。（图3-18）

图3-18　织造妆花天鹅绒所用的提花绒织机

在织造过程中，妆花绒与漳缎的另一个不同之处是：漳缎是正织的，起绒杆织入织物的正面，而妆花绒为了实现妆花，是反织的，起绒杆必须织入织物的反面。因此，妆花天鹅绒就像雕花绒一样，必须在整幅织物完成后下机割绒。由于操作工艺上的需要，要三至四个工匠共同操作方能进行织造，而织造幅宽仅 58.5 厘米。绒织物设计要考虑到绒毛的牢固问题，除组织结构上要求三纬固绒外，还要求纬向材料和密度的紧密配合。（图 3-19）

图 3-19　复制成功的黄地缠枝菊花纹妆花天鹅绒料

第四章

天鹅绒中的漳绒有素织，也有雕花，绒缎则是提花，有些则在绒织物上再进行绣花。明代的绒基本以素织为主，有时加以刺绣。织花或雕花的天鹅绒主要出现在清代，这些天鹅绒的图案与清代一般丝绸的图案有很多相通之处，但也有一些特殊的地方。

天鹅绒图案的题材

动物纹样

龙凤题材也属于动物题材，当然龙、凤只是想象性的动物，类似的还有麒麟等。清代丝织品上常见的真实的动物题材以飞禽为多，有狮子、鹿、仙鹤、锦鸡、孔雀、雁、白鹇、鹭鸶、鸂鶒、鹌鹑、练鹊、蝙蝠、鹦鹉、鸳鸯、蝴蝶、蜜蜂、鱼等。在天鹅绒上经常出现的有龙、凤、狮子、仙鹤、蝴蝶、金鱼等。

1. 龙

龙是中国古老的传统题材，但龙的造型，历代逐渐有变化。在绒织物上，龙有时作为主题出现，也经常用做边饰。作为主题的龙常出现在龙袍袍料、裙摆装饰、椅垫装饰等织物中，其中以龙袍上的龙造型最为丰富，有坐龙、行龙、升龙、降龙、过肩龙、界龙、子孙龙等不同的种类。坐龙又称正龙，龙首作正视状，龙身弯曲，好似一条正面坐着的龙，一般用于帝王服饰的正中；行龙即侧龙，又称走龙，表现龙的行走之状；升龙即龙上升之态；降龙为龙身下探之势；过肩龙是指出现于肩上之龙,一半在前,一半在后;界龙,一般用于边界处;子孙龙即大龙与小龙杂处一起。这些龙的周围,大多都有火珠和云纹。用做边饰的龙多为行龙,用于较为大型的地毯或是挂毯。(图 4-1　香港私人收藏)

图 4-1　绒地绣龙

2. 凤

凤凰是历代帝后的象征,其形象也经历了一个变化过程。早期的凤凰形象简单而质朴,细节描绘极少,到宋元时凤凰已基本定型:头较扁,嘴尖,标准凤眼,颈部较短,心毛如鸳鸯状,翅膀有整齐细密的羽毛,腹部如梭形,有鱼鳞状羽毛,尾部有如意状和飘带状两种,以锯齿形的飘带状为多见。清代的凤凰变化更为丰富,不仅凤凰形象有所改变,而且姿态造型也无奇不有,说明对凤凰形象造型技巧的把握达到了更高的境界。从局部来看,写生风格上升,局部刻画精细,凤颈如鸡,羽毛写实,有时则变化如菊花状;凤翅增大,其中小羽细密,大羽稀

图 4-2　龙凤纹漳绒挂毯

疏；凤尾或作飘带状，或作孔雀羽状，飘带状凤尾在 3～5 根，多为 5 根，而孔雀尾状凤尾一般为 2 根，偶尔亦作 3 根；凤爪一般都能看到。从大效果看，凤凰飞动的姿态千变万化，而且能够用一只或数只凤凰构成任何外形的适合纹样，出神入化（图 4-2　加拿大皇家安大略博物馆收藏）。

3．狮子

狮子是地球上力量最为强大的猫科动物，其漂亮的外形、威武的身姿、王者般的力量与梦幻般的速度完美结合，拥有万兽之王的美称。狮子纹样流行中国当在汉晋时期，但在中国民俗中，狮子却是一个神奇的舞者，唐宋之后，狮子大多与绣球一起出现，是为狮子舞，进而出现了以人替狮进行的舞狮，每逢元宵佳节或集会庆典，民间都以舞狮助兴。表演者在锣鼓音乐中，装扮成狮子的样子，做出狮子的各种形态动作，中国民俗传统认为舞狮可以驱邪辟鬼。在丝绸图案中，狮与"师"音近，大狮与"太师"相通，太师即皇帝之师，代表学问之博与官位之尊，因此，狮子纹样成为一种吉祥题材。它也经常用做清代天鹅绒的图案，特别是用在椅披上与当时流行的太师椅相配。

4．仙鹤

传说中的仙鹤就是丹顶鹤，它是生活在沼泽或浅水地带的一种大型候鸟，栖息于芦苇丛中或沼泽地带。在中国文化特别是道教文化中，鹤是长寿的象征，因此鹤常被称为仙鹤，道教的神仙也大都以仙鹤为坐骑，神仙祝寿图案中经常会出现王母或寿星跨鹤而来的形象，年老去世也被称为驾鹤西游，松、鹤、鹿通常被作为长寿的符号。此外，古人多用翩翩然有君子之风的白鹤比喻具有高尚品德的贤能之士，把修身洁行而有时誉的人称为“鹤鸣之士”，因此，鹤在明清时期的官品图案中位居一品之尊，丝绸图案中的鹤也因此被用于隐喻官运亨通，官晋一品。（图 4-3　加拿大皇家安大略博物馆收藏）

图 4-3　八仙祝寿漳缎挂毯中的鹤纹

5. 蝴蝶

大多数蝴蝶色彩鲜艳，翅膀和身体上有各种花斑，头部有一对棒状或锤状触角，非常漂亮。蝴蝶经常在花丛之中穿飞，早在唐代开始就被用于丝绸图案，所谓“蝶飞参差花婉转”和“蝶恋花”等指的就是这类图案。到明清之际，丝绸图案流行寓意吉祥的谐音式。中国传统有“耄耋富贵”之说，耄为 70 岁，耋为 80 岁，耄音“猫”，耋音“蝶”，于是人们把猫、蝴蝶和牡丹组成图案，代表耄耋富贵。到慈禧时期，丝绸上又特别流行单独的蝴蝶题材，如百蝶图案之类，刺绣割绒都是如此，意为“天下无敌”。（图 4-4　英国国立维多利亚阿伯特博物馆收藏）

图 4-4　百蝶纹漳绒

6. 金鱼

金鱼起源于中国,是由鲫鱼进化而来的一种观赏鱼。据研究,金鱼的故乡在浙江的嘉兴和杭州两地。从 12 世纪起,中国已开始金鱼从鲫鱼逐渐家化的遗传研究,经过长时间培育,品种不断优化,体色、头形和眼睛等均发生了很大的变异。此后,金鱼成为中国艺术品中经常表现的题材,为中国人民喜闻乐见,同时被赋予很多吉祥的寓意,如年年有余、吉庆有余、金玉满堂等。正因为如此,金鱼纹样也大量出现在天鹅绒织物上。(图 4-5　加拿大皇家安大略博物馆收藏)

图 4-5　金鱼纹漳绒背心

7. 蝙蝠

蝙蝠是世界上唯一一类演化出真正飞翔能力的哺乳动物,它总是在白天憩息,夜间出来觅食,其肤色也不很漂亮,因此没有引起人们足够的重视。但在中国医药史上,蝙蝠却是一种长寿有福的生命。《抱朴子》说:“千岁蝙蝠,色如白雪,集则倒悬，脑重故也。此物得而阴干末服之，令人寿万岁。”蝙蝠省称蝠，因蝠与“福”谐音，人们以蝠表示福气、福禄寿喜等祥瑞。此外，蝙蝠还经常与云纹一起出现(图4-6 中国丝绸博物馆收藏)。与卐字及寿字相伴，表示“福寿万代”或“长寿万福”等含意。清代天鹅绒中有五只蝙蝠团团围住一个寿字的图案，意为“五福捧寿”。

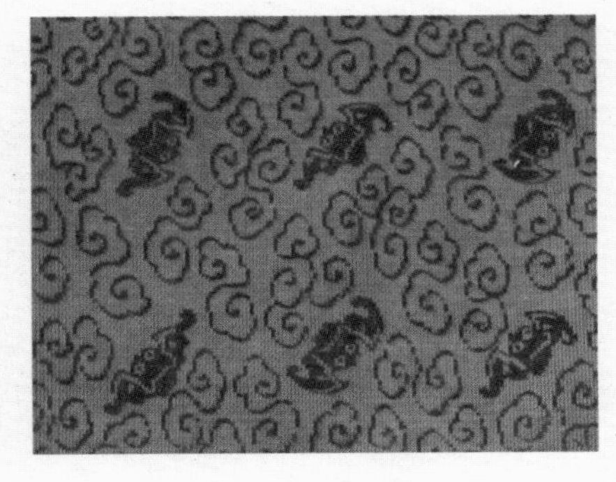

图4-6 云蝠纹

植物纹样

植物纹样取材于自然界的花草瓜果，在清代丝织品上应用特别广泛，有牡丹、菊花、莲花、梅花、兰花、茶花、鸡冠花、百合、水仙、月季、玫瑰、海棠、芙蓉、佛手、石榴、荔枝、栀子、桃花、牵牛花、绣球、竹子、天竹、石竹、蜀葵、灵芝、葡萄、樱桃、葫芦、萱草、艾草、蔓草、藤萝、水藻、万年青、梧桐、松树、柏树等。其中在天鹅绒上应用特别多的有牡丹、莲花、水仙、松、竹、梅等。

1. 牡丹

牡丹为多年生落叶小灌木，原产于中国西部秦岭一带，生长缓慢，株型小。在经过历代的培育和选择后，特别是从唐代起，牡丹已成为我国特有的名贵木本花卉。其花大色艳、雍容华贵、富丽端庄、芳香浓郁，而且品种繁多，被称为“国色天香”、“花中之王”，长期以来被人们视为富贵吉祥、繁荣兴旺的象征。牡丹作为丝绸图案也是从唐代开始的，到明清之际应用更盛，成为花卉图案中的第一题材，经常以独枝的形式出现，但也和凤凰、蝴蝶、莲花、梅花等其他题材同时登台。(图4-7 中国丝绸博物馆收藏)

图 4-7　牡丹纹漳绒

2. 莲花

莲花是多年生水生植物,根茎为藕,生于污泥,叶长圆形,缘呈波状。其花单生于花梗顶端,高托水面之上,有单瓣、复瓣、重瓣等型,有白、粉、深红、淡紫等色。在中国文化中,莲常用来作为宗教和哲学的象征,代表神圣、纯洁、高雅,"出淤泥而不染,濯清涟而不妖",象征着中国传统文化中的一种理想人格。"青莲"谐音"清廉",成为清廉的象征;莲花别名"水芙蓉",又谐音"荣",所以与牡丹在一起,寓意"荣华富贵",与鹭鸶在一起寓意"一路荣华";莲蓬多子,因此莲花和桂花在一起就寓意"连生贵子"。(图 4-8　加拿大皇家安大略博物馆收藏)

图 4-8　缠枝莲纹绒缎中的莲纹

3. 水仙

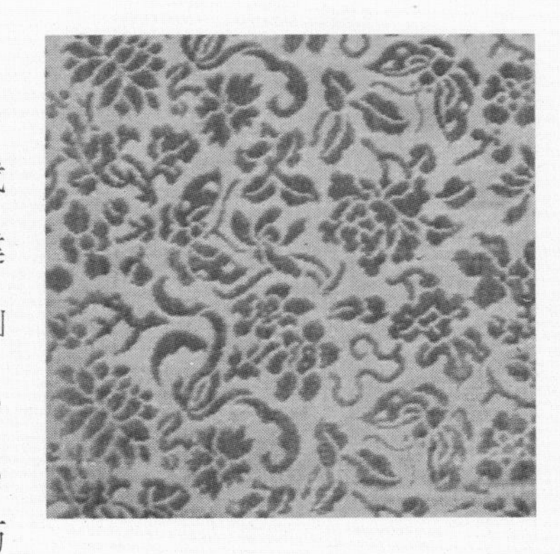

图 4-9 蟒纹漳缎裙上的水仙纹

水仙有着"凌波仙子"的雅号，叶姿秀美，花香浓郁，主要分布于我国东南沿海温暖、湿润地区，以福建漳州和厦门所产者最为有名。水仙花早在宋代就已受人注意和喜爱，特别是在寒冬时节，当百花凋零时，水仙花却叶花俱在，凌寒开放，故历代无数文人墨客都为水仙花题诗作画，留下了不少优美的篇章。水仙花在清代被大量用做丝绸图案，其在天鹅绒上也有特别的应用。天鹅绒初起于泉漳之地，而水仙花正是泉漳之地的特产，因此水仙被用于天鹅绒似乎也是顺理成章。据《漳州府志》记载，明初郑和出使南洋时，漳州水仙花已被当做名花而远运外洋了。（图 4-9　加拿大皇家安大略博物馆收藏）

4. 松、竹、梅

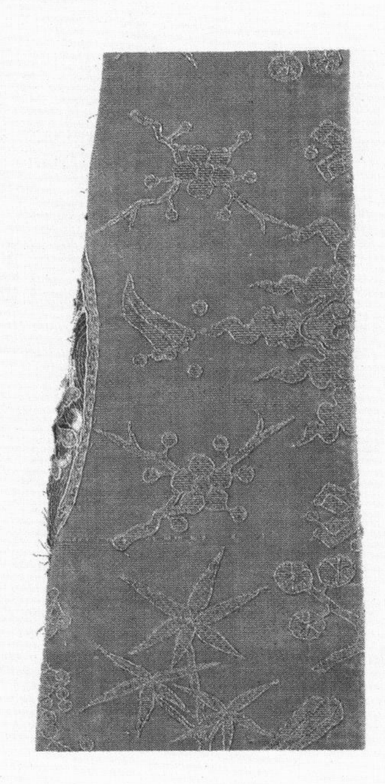

图 4-10　绒地刺绣龙纹织物中的松竹梅图案

因为竹和松经冬不凋，梅则耐寒而放，故中国文人将松、竹、梅称为岁寒三友。这一雅号自宋代起出现，台北故宫博物院藏有宋人赵孟坚《三友图》一幅，将松、竹、梅画在一起。而松、竹、梅出现在丝绸上，则自南宋始。福建福州黄升墓和江西德安周氏墓中均出现了以松竹梅三友为题的绮织物，该图案以极为简洁的手法，将一片竹叶、三支松针、数朵梅花并在同一折枝之上，相互穿插，相互呼应，极为和谐。清代天鹅绒中也多有类似图案，有时呈写生散点状，有时则围成团花，以简

洁的线条代表松竹梅。（图 4-10　加拿大纺织博物馆收藏）

5. 梅、兰、菊、竹

除岁寒三友中的竹、梅之外，春兰和秋菊也得到人们的广泛喜爱，演化出梅、兰、竹、菊四君子等相似题材的图案。春兰其花与百花不同之处是雅，其花不艳，其香不烈，但正以其淡雅胜。菊花在气候初变之时能够处变不惊，依然傲霜开放。人们对秋菊傲霜的喜爱表现了人们对不屈服于自然变化的植物的一种赞赏。因此，在天鹅绒的图案中，兰花和菊花也成为常见的纹样。（图 4-11　加拿大皇家安大略博物馆收藏）

图 4-11　牡丹兰菊纹漳缎中的兰花和菊花

6. 卷叶花

元代开始，中国丝绸上出现了一些西方传入的花卉纹样，通常作卷草大花型，花型壮大，配色特殊。明清时期，这种织物越来越多。清代中期以后，西洋的花卉图案日益增多，常使用玫瑰、牵牛、月季、牡丹、莲花等新型题材，特别是对卷草进行了改造，使其枝蔓更为弯曲。卷草叶子分裂并卷曲，而且叶的正面和反面同时得到表现，显得这类图案设计更为真实。这类图案中的花卉总体是左右对称的，在清宫档

案中称为西番花，通常称为大洋花，但也可以表示为卷叶花。（图 4-12　中国丝绸博物馆收藏）

图 4-12　织金绒中的卷叶花

人物纹样

随着织造技术的发展，人物造型的纹样开始经常出现在丝织品上，包括佛道神像、群仙祝寿、麻姑祝寿、玉女献桃、童子戏莲、百子游戏等。其中又以祝寿、童子等形象居多。

1. 八仙祝寿

大量的贺寿之作采用群仙祝寿之类的题材，这类天鹅绒通常被用做挂毯。群仙祝寿一般反映的是群仙在瑶台为王母祝寿的场面，但群仙时多时少，最常出现的是寿星和八仙。当只有八仙出现时就称八仙祝寿，通常的造型是八仙中的七位与寿星立于瑶台右方，有佩剑之吕洞宾、持篮之蓝采和、持渔鼓之张果老、打竹板之曹国舅、吹箫之韩湘子、摇扇之汉钟离及持莲的何仙姑，第八位铁拐李正在前方渡桥，而西王母则跨凤珊珊而来。也有被贺寿的就是寿星老头，图中寿星乘坐仙鹤从远方而来，八仙或是其他各路神仙在瑶台上等候。

2. 汾阳王祝寿

用于祝寿图的人间故事的主角主要是汾阳王。传唐代汾阳王郭子仪（697—781）高寿，膝下七子八婿，均为当朝重臣，他们前来祝寿时将官员上朝议事所用的笏放满了一床，显示出郭家后代的兴旺发达。其构图通常是郭子仪夫妇坐在中间等待子女们前来看望，而子女们正在逐一走入家门。

3. 渔樵耕读

渔樵耕读的主题是人物，即渔夫、樵夫、农夫与书生，代表农耕社

图 4-13　渔樵耕读纹漳绒

会中四个比较重要的职业。传说中这四个职业都有代表性人物，其中渔是东汉严子陵，他是汉光武帝刘秀的同学，刘秀当了皇帝后多次请他做官都被拒绝。严子陵一生不仕，在浙江桐庐富春江畔垂钓终老。樵则是汉武帝时的大臣朱买臣。朱买臣出身贫寒，靠砍柴卖柴为生，妻子不堪其穷而改嫁他人，他仍自强不息，后由同乡推荐，当了汉武帝的中大夫、文学侍臣。耕通常表现的是舜在历山下教民众耕种的场景。读则是表现苏秦埋头苦读的情景。但到后来，渔樵耕读也成为官宦退隐生活的一种象征。（图 4-13　加拿大皇家安大略博物馆收藏）

景物纹样

景物纹样以自然山水为主，点缀一些人工建筑或是山中人物，包括日月星辰、山川树石、流水行云、山水风景、亭台楼阁等。行云流水主要是穿插在图案之中，但山水风景到清代已形成独立的纹样，十分常见，渔樵耕读也多以山水景观的形象出现。

1. 云纹

清代早期的云纹有不少沿用明代的风格，最为典型的就是四合如意云，体型大，十分壮实。这样的风格在康熙时期仍有大量沿用。它们一方面作为云纹独立出现，另一方面也与龙或是其他的动物纹样相配合。其造型与南京云锦中的云纹相似。云锦老艺人总结其传统画云时口诀有："行云绵延似流水，卧云平摆像如意。大云通身连气，小云巧而生灵。"这可视为对明清云纹的一种总结。（图 4-14　北京艺术

博物馆收藏）

图 4-14　刺绣漳绒中的云纹地

2. 江崖海水

江崖海水起初只是龙纹的配角，寓意皇帝的江山万代牢牢把住或是代代相传。这样的配合自明代起用于柿蒂窠和胸背图案。当时的江崖一般较为简单，只有三个峰，直而陡峭，海浪汹涌，拍过江崖之顶。清代的朝服和龙袍中继续沿用并进一步发展了这种纹样，在朝服中称为八宝平水，在龙袍中则称为八宝立水。但到清晚期，江崖海水开始独立出来，形成自己的图案。有时配合别的主题纹样出现，此时水面在上，呈波浪形滚涌，有时出现旋涡、浪花等，有时还有杂宝穿插其中。（图 4-15　加拿大皇家安大略博物馆收藏）

图 4-15　万代江山漳绒中的江崖海水纹

图 4-16　万代江山漳绒中的亭台楼阁纹

3. 楼台景观

清代起风景被织入丝绸，但这里的风景是包含了亭台楼阁的人文景观。这类实物虽然不多，但由于漳绒是雕花绒，在制作这类景观纹样时有着特别的便利。这些风景有时以团花的形式出现，有时则出现在裙摆上。最为著名的应是西湖十样锦，这可从清代厉鹗《东城杂记》的有关记载中得到证实，书中提到当时有一种称为“西湖景”的织物：“十样西湖景，曾看上画衣。新图行殿好，试织九张机。”清代马面裙上的马面就有不少采用此类图案，织出亭台楼阁、湖山景色。（图 4-16　加拿大皇家安大略博物馆收藏）

器物纹样

随着宗教的广泛传播，佛教和道教等宗教艺术对清代丝绸纹样的题材产生了深刻影响，一些带有宗教色彩的含有吉祥寓意的图案，逐渐得到普遍应用。这类纹样以仙道宝物组成，通常有八宝、杂宝、暗八仙等，此外，博古、文房四宝、花瓶等也作为器物纹样经常被用于天鹅绒图案。

1. 八宝

即八吉祥，是佛教传说中的宝物，由轮、螺、伞、盖、花、罐、鱼、长八种象征吉祥的器物组成，人们视它们为吉祥之兆。其中法轮表示佛法圆转，寓意生命不息。法螺表示佛音吉祥，是好运的象征。宝伞表示张弛自如，比作保护众生。白盖加被大千世界，是解脱大众病贫的象征。莲花出污泥而不染，是圣洁的象征。宝罐表示福音圆满，喻为成功和名利。双鱼，佛家喻意坚固活泼，表示幸福、避邪。盘长表示回贯

图 4-17　暗八仙纹漳绒背心

一切，是长寿、无穷尽的象征。

2. 八仙

八仙乃古代神话传说中的八位神仙。原有多种说法，散见于唐宋元明文人记载之中，据说至明代《东游记传》中八仙形象才定型。元代《蜀锦谱》中已有“聚八仙”纹样记载，不知此八仙形象是否与今天相同。八仙题材似乎到清代才出现在丝绸图案中，而在大量的普通织物上是以暗八仙的形象出现的。暗八仙是指用八位神仙常用的八件器物来代表八仙，即汉钟离的扇子、吕洞宾的宝剑、张果老的渔鼓、铁拐李的葫芦、曹国舅的玉板、韩湘子的洞箫、蓝采和的花篮及何仙姑的荷花。（图 4-17　加拿大皇家安大略博物馆收藏）

3. 杂宝

杂宝是指各种寓有一定含义的宝物，有珠、磬、书、画、钱、犀角、艾叶、笙、方胜、蕉叶、如意、珊瑚、葫芦、笔、鼎、灵芝、元宝、银锭等，可从中任取一件或数件组成图案。（图 4-18　香港贺祈思收藏）

4. 博古纹

所谓“博古”，原指古物之多，乃集古之意。张衡《西京赋》有“雅好博古，学乎旧史氏”之句。装饰艺术中的博古纹以古董作纹样，主要包括瓷瓶、铜器、仪器等器物及其中所插的古书、古画或花卉果实之类。据说博古纹最早出现于明代，兴盛于清代，特别是

图 4-18　杂宝纹多彩绒

图 4-19　博古纹绒缎垫料

乾隆时期。乾隆好古并好收藏，天下各地均收集古物以进，所以织物上也出现了大量的博古纹。（图 4-19　加拿大皇家安大略博物馆收藏）

文字与几何纹样

明清开始采用单个的、有明确意义的吉祥文字直接作图案的主题，最为常见的是寿、喜、福等，其中尤以寿字为多见，并有各种变化，包括以花卉等各种纹样构成的寿字。此外，被大量应用的几何形纹样也在这里一并介绍。

1. 寿字纹

明清织物中用得最多的吉祥文字是"寿"。它的造型变化十分丰富，如"百寿图"，有上百种不同造型的"寿"字，具有强烈的装饰性，被广泛用于皇帝及平民的服饰之中。明代织物中的楷书寿字，最为直观；清代则有大量变形的团圆寿和长远寿者，用寿字的外形来增加其含义；还有极为抽象的寿字，有时如太极图案一般简单，其实还是一个寿字。可以从众多织物中找到寿字历代变化的踪迹。（图 4-20　加拿大皇家安大略博物馆收藏）

2. 卍字曲水纹

卍字原是佛教中的一种吉祥符号，唐代时出现，但只是单独地用于佛教场合。到宋代后，由于曲水琐纹的大量出现，卍字作为一种装饰图案的地纹被大量使用。元代是卍字使用最为普及的时代，卍字纹

图 4-20 绒地刺绣上的寿字

可以单独排列成片，也可以置于菱形或龟背形框架之中。卍字纹可以作为主题纹样，也可以用做地纹。这种卍字纹到后来发展成为“卍字不断头”，寓意绵绵无绝，在清代及民国丝绸图案中十分流行。（图 4-21 加拿大皇家安大略博物馆收藏）

图 4-21 白地卍世富贵纹漳缎

3. 夔龙纹

清代的丝绸图案大量使用夔龙纹，穿插在花和其他纹样之间。夔龙呈几何形状，只有变形的头部还可以看出其原形。在宫廷中，这种夔龙纹被俗称为拐子龙纹（或许是因为“拐”和“夔”的音近），在清代晚期很是流行，天鹅绒上也是如此。这类拐子龙纹中的龙有时被简化

图 4-22　夔龙纹漳绒

成看不到头的骨架，经常被用做边饰。（图 4-22　中国丝绸博物馆收藏）

4．几何纹

纯粹的几何纹由抽象几何形或点线组成，包括几何形本身的变化和几个基本形重叠组合而成的复合几何形等类型。单纯由几何形构图的有卍字曲水纹、云形几何纹等；另一种是在几何形骨架中填充各种花纹，这种组织形式在清代应用范围极广，形式变化最为丰富，有菱形纹内加花、龟背纹内加花、边环纹内加花、棋格纹内加花、波形纹内加花、卍字纹内加花、花瓣纹内加花等多种形式。

纹样题材中的组合寓意

所谓寓意纹样，就是以动物纹、植物纹或字纹等纹样作素材，用其形，择其义，取其音，组合成含有一定寓意或象征性的纹样图案，这种组合的纹样统称为寓意纹样。寓意纹样通常所要表达的意思有长寿多福、吉祥如意、多子多孙、乐叙天伦、升官发财、五谷丰登、夫妻好合、安居乐业等，归纳起来不外是五个方面的含意：福、禄、寿、喜、财。福有幸福、如意、吉祥、顺利等美好含义；禄是权力、仕途、功名的象征；寿指身体健康长寿；喜，则与婚姻、友情、多子多孙等有关；财是祈愿财产富有。这些寓意图案不仅适应了一定历史阶段的人们对衣料装饰上美的追求，也反映了人们的善良愿望和对幸福美好生活的向往，它给予人们心理上的慰藉，寄托着人们对生活的希望和美好的理想。

这类纹样的构成吸收了象形、借字、喻义和谐音等手法，一般有三种构成方法：一是以纹样形象表示，二是以谐音表示，三是以文字来说明。以纹样形象表示，也就是将一些动植物的自然属性、特性等延长并引申，这是吉祥图案中最为常见的表现手法。如以龙、凤、蟒来象征权贵。又如牡丹象征富贵，与海棠组合，寓意“满堂富贵”；与桃组合，又成“富贵长寿”。以谐音表示则如蝠谐“福”；鹿谐“禄”；冠谐“官”；“鱼”谐“余”；瓶谐“平”，表示平安；喜鹊谐“喜”；桂花、桂圆谐“贵”；百合、柏树谐“百”；等等。以文字来说明则是饰以卍字、寿字、福字、吉字、喜字等文字，直接反映吉祥的主题。

除以上较为常用的寓意方式之外，还有一些题材的组合也经常可以见到。

五蝠捧寿：以篆文寿字为中心，周边围以五只蝙蝠，谐其音为“五蝠”捧寿。（图 4-23　中国丝绸博物馆收藏）

图 4-23　五蝠捧寿漳绒

连年有余：莲花与鱼组成。

喜庆有余：鱼和磬表示等。

富贵万福：由牡丹、卍字和蝙蝠组成。

长寿万代：在正卍字上系一条带子，再配桃子等物。

福寿不断头：蝙蝠、寿桃和卍字地。

福寿三多：由佛手、桃子、蝙蝠、石榴组成，如加上桃花、牡丹、菊花、梅花四季花卉，又说明是一年四季福寿三多。

海晏河清：由海棠、燕、荷花组成，寓意时世升平，天下大治。

玉棠富贵：牡丹配玉兰、海棠。

捷报富贵（或富贵无敌）：蝴蝶在牡丹之上翩翩起舞。（图 4-24　加拿大皇家安大略博物馆收藏）

群仙祝寿：以水仙为主体，加上仙鹤，寓意为“群仙”；天竹的

“竹”，与“祝”同音，借以为祝福；寿桃、灵芝为长寿象征物，它们共同组成群仙祝寿，表达祈求吉祥长寿之意。

图 4-24　富贵无敌纹漳缎裙摆　　**图 4-25　瓜瓞绵绵纹漳缎裙**

福寿如意：由蝙蝠、寿桃和如意组成。

瓜瓞绵绵：《诗经·大雅·绵》中有“绵绵瓜瓞，民之初生”之句，大瓜谓之“瓜”，小瓜谓之“瓞”，瓜瓞绵绵寓意人类繁衍如连绵起伏的瓜蔓上的瓜一样，子孙万代，生生不息。（图 4-25　加拿大皇家安大略博物馆收藏）

榴开百子：图案为石榴切开一角，露出浆果，石榴上托童子，周围环以蝴蝶、佛手、花卉等，反映出希冀子孙繁衍、绵延不断的美好祈愿。

连生贵子：莲花与桂花组合，以此祝愿早生贵子，多生贵子。

兰桂齐芳：兰花，幽香清远，向来被比作高雅的君子。桂花，花香袭人，桂与“贵”同音。“兰桂齐芳”寓意其人集高贵、典雅于一身。

天鹅绒图案的排列

雕花与织花的图案根据排列的形式一般分为三种：匹料图案、衣料图案和毯料图案。

匹料图案

这是最为常见的图案形式，一般采用四方连续的形式，即以一个循环单位的纹样（或以点、线、面作为纹样）向上下左右四个方向作反复循环的连续排列。这类图案更适合采用提花机在漳缎上织造，匹料图案上的纹样排列也可以分成清地团花、锦地开光以及满地花卉等不同的类型。

1. 清地团花

清地图案指的是以大面积的空白作地，地上织出散点纹样。这样的散点纹样中最为常见的还是团花图案，团花本身的图案构成可以为独一式、中心式、二破式等。独一式是由一种题材构成一个团花，如一只衔桃的仙鹤构成一个圆形适合纹样，一枝荷花、一枝兰草等也能独立成圆。中心式是在中心位置上有一个主题素材，可以比较随意地处理，而在四周则有较小的纹样环绕形成团花，如著名的子孙龙，就是一龙正中，八龙在边；清代的实例中有祥云牡丹、五蝠捧寿等。二破式又称喜相逢式，是用 S 线将一个整圆破成两半，各由一个纹样形成相逢之状，有点像太极形图案，如两只蝴蝶是十分常见的图案；双龙戏珠、双凤朝阳也深受人们喜爱。

清地团花的排列一般都是二二错排，即两行团花错开 1/2 个单元进行排列。目前看到的团花大多数为一幅 3 ~ 4 个团花，如苏州丝绸博物馆的手工漳缎木织机上的蓝色团花漳缎幅宽为 73 厘米，其中团花图案的纬向循环有 3 个团花，每个循环约为 24 厘米，一个团花的直径为16~17厘米。而丹阳漳绒厂的机器漳缎织机上的门幅通常稍宽，一幅之中的团花纹样有4个，每个团花的直径稍小，但也在15厘米左右。（图4-26）

图4-26　丹阳漳绒厂正在生产的团花漳缎

2. 锦上添花

图4-27　福传万代漳绒

锦地开光图案在宋元时期就有，到明清时期依然沿用，但更多的是打破了开光窠形的束缚，在满地琐文之上添加花卉纹样，这种图案大概可以算是真正的锦上添花锦了。其中作为地纹的一般都是细小均匀的琐文，可以分为几何形纹和模拟自然纹。

几何纹的种类很多，自宋代开始起出现的曲水纹如工字纹、卍字纹、琐子文、龟背、菱纹、簇四球路纹等都直接被应用。尤其是卍字纹，应用面相当广，这种卍字纹被称做“卍字不断头”，寓意绵延万代。它与牡丹配合，意为万世富贵；与莲花配合，意为万世不灭；与桃子配合，意为万寿无极；与梅兰配合，意为万世长春；与蝙蝠配合，意为万世有福。（图 4-27　芝加哥艺术学院收藏）

清代开始多有模拟自然的纹样作为锦地。最常见的有三种，一种是冰梅，一种是云纹，另一种是落花流水。在天鹅绒上出现较多的是冰梅和流云。冰的地纹作裂冰状，其实是对南宋官窑瓷器开片纹路的模拟。冰纹之中配合梅花，不但视觉效果极佳，而且寓意深远，一般以冰梅的纯洁、洁白表示一种高雅、清高的气质。这种图案流行于整个清代。流云不同于云龙中的那种朵云，而是如流水般潇洒流畅。云上飞鹤或飞雁，十分清雅，正合俗语中“孤鹜野鹤”之意。

3. 满地花卉

清代天鹅绒上的花卉纹样取材很广，纹样密度与明代之前的花卉图案有一定的区别，通常介于缠枝花卉和折枝花卉之间。其基本单元应该还是折枝纹样，所有的花枝仍是间断而不连续的，但其花叶硕大，相互穿插，有时甚至还有蝶鸟之类；其纹样循环也很大，远远超出了宋明之际的折枝花卉。如清代的花卉纹多彩漳缎，除有大型花朵之外，还有各种小花和花蕾，多呈 S 形伸展。这种布局已形成定式，清末另一件灰地漳缎上的折枝花，用的也是这一形状的布局。（图 4-28　中

图 4-28　民国漳织物上的折枝卷草纹样

国丝绸博物馆藏）

衣料图案

天鹅绒因为织造特别费时，难度很大，因而十分贵重。人们不想浪费织成的料子，所以经常是按服装形式织造所需的图案，有些类似早年的织成，“织而成之”，不假裁剪，衣料可以直接制成服装。特别是当织制雕花绒时，雕花图案本身就要雕花工一寸一寸地雕成，更没有必要浪费雕工去雕衣服上不需要图案的部分。因此，衣料图案是一种适合纹样，特别多用于雕花绒上。

1. 主面料与边饰的正反图案

这里所谓的衣料多指上衣衣料。在清代，上衣的款式主要有马褂、马夹及一般的袄、衫、袍等。马夹就是背心，短身、无袖；女褂的基本形制比较相似，为短身、大袖、斜襟。从清代开始，女性服饰上流行边饰图案，因此这类衣料中有很大一部分都带有衣饰图案。对于一般的服饰而言，这类边饰多用专门的缎带（或称栏干）缝在衣边，起先只是一道或两道，到晚清时装饰得越来越多，当时甚至有十八道滚边的说法，边饰部分已经大于衣服的主要面料。

这种边饰在雕花绒的制作中十分常见。通常的情况是：衣料的主要面料部分采用清地图案，清地的地部保留原来的绒圈，色彩较浅，而清地上的纹样以模仿匹料上的团花或散点图案为主，雕绒之后显得颜色较深。衣料的边饰却刚好相反，边饰图案的地部往往是割绒，色彩较深，而纹样部分却是留着的绒圈，色彩较浅。这样的全身暗花图案效果文雅，与当时流行的缎类暗花织物相比，一是保留了一色暗花的儒雅效果，二是图案中花地的色彩反差依然很强，不受光线的干扰。

由于作为主要面料的图案和边饰的图案是同时由同一个设计者设计、同一个雕花工雕割形成，因此，两处的图案主题与风格可以相互呼应，有时完全一致，有时相互配合。如加拿大皇家安大略博物馆中收藏的金鱼纹漳绒背心的中心图案是金鱼，边饰也是金鱼（图 4-29）。比利时博物馆中收藏的一件团花如意三多纹褂料，团花之中的灵芝代表如意，石榴、佛手、桃子代表多子、多福、多寿，边饰主要集中在领圈、底襟和袖边，用的是梅竹报春图案（图 4-30）。还有一件皇家安大略博物馆收藏的江山万代漳绒马褂，主要面料处用的是团花的江山万代，江水山河之上有缎带盘成卍字纹样，而在边饰处则雕割了渔樵耕读，表明渔樵耕读是江山万代的基础。

图 4-29　金鱼纹漳绒背心

图 4-30　团花如意三多纹褂料

2. 独枝花图案

没有边饰的衣料图案在清代也极为流行，但多数只是模仿普通的匹料图案，特点并不很明显，唯一表现突出的是在衣料上采用的独枝花图案。

独枝花即一幅花卉布图案满整件衣服。独枝花的图案其实早在辽宋时期就出现了，如内蒙古阿鲁科尔沁旗耶律羽之辽墓中出土的花树狮鸟妆花绫袍，全袍上下只用一棵海石榴花的图案，高达一米多。独枝花卉的设计在清代发展得更快，这与当时的文人书画发展有关，其特点是循环越来越大，空间越来越大，越发讲究布局，使整件衣服如同一幅画一样。其中突出的代表是所谓的“一条龙”或“独枝花”纹样。当然，这种图案要全部靠织出来成本很高，故而当时一般就用雕花绒的手法获得。如中国历史博物馆藏的绀青漳绒整枝兰花女夹袄，用割绒的方法刻出写意的整枝兰花，兰叶修长，直至袖子。中国丝绸博物馆中也藏有体形较小一些的独枝花的马褂和褂料。这些图案均可以认为是折枝花卉发展的顶点。（图 4-31　中国丝绸博物馆藏）

图 4-31　独枝牡丹桂花漳绒

3．裙料

女裙通常称为马面裙，到清代已经有了比较明确的定型。马面裙的基本款式分为前后两片，宽约 1.5 米，长与裙高相等，每片裙料上有一片前片较宽，宽约 25 ~ 30 厘米，其下部有一高约 40 厘米的马面图案区，另根据不同款式还有若干条宽窄不等的侧面，有时底部也有特别的图案区，高度与马面相等。如加拿大皇家安大略博物馆收藏的一条红色龙凤四季漳缎女裙，其马面图案是云龙纹样，在其侧面分别有龙纹与凤纹，地部是缠枝四季花卉。这类漳缎在织造时，一方面要织造大面积的地纹，同时还要织造四段龙凤图案（见图 5-40）。另一件皇家安大略博物馆收藏的女裙，则在马面上织出专门的区域，放置瓜瓞之类的纹样，也需专门的图案设计之后才能织出。

此类裙料虽然也是织成类的图案，但由于其图案区域较为方正，只需多织一个纹样，制衣时不会裁去过多的余料，所以，这类裙料主要是用漳缎织成。

毯料图案

毯料用于制作较为平面的织物，用于铺垫。其形式往往会仿照地毯之类，但天鹅绒总是较地毯稍薄一些，因此更多地用于椅垫、炕垫和挂毯之类。其中椅垫有着较为特殊的形制，其余则大小不同，形制不一。

1. 挂毯

挂毯的图像一般都有主题，图像中的题材有着明显的方向性，可以垂直悬挂。由于其图案造型较为复杂，而且不再重复，此类挂毯通常都是雕花绒制成。

最小的一件挂毯只用独幅漳绒割成，如加拿大皇家安大略博物馆藏的寿星跨鹤图漳绒挂毯（ROM923. 24. 97），四周框中是祥云飞龙，中间是寿星跨鹤，四个角上还有蝙蝠相伴。（图4-32）

图4-32　寿星跨鹤图漳绒挂毯

2. 地毯

织绒地毯大多模仿地毯的装饰风格，其特点一是色彩丰富，绒毛较长，绒毯较厚；二是因为铺在地上，其图案的方向性不强，可以从多个角度进行欣赏，因此比较接近一般的匹料图案，与匹料图案的区别是图案循环较大，总是带有边框。因此，天鹅绒的地毯通常以绒缎的方式织成，此类地毯在故宫、南京博物院和皇家安大略博物馆等地多有收藏。

故宫博物院收藏有一种缠枝菊花纹的妆花织金绒缎，也是一种毯

图 4-33　缠枝菊花纹妆金绒

料。这种毯料中间是不同色彩的缠枝菊花纹，花型虽小，但可以根据不同尺寸要求拼接，四周以卍字纹作边框。（图 5-46）这种纹样的绒缎在皇家安大略博物馆也有收藏。（图 4-33）

第二种是大缠枝花纹的绒毯，四周也是卍字纹的边框，中间只有少量的大朵莲花，加上缠枝和卷叶，有时还有蝙蝠纹，其花型要远远大于缠枝菊花纹。皇家安大略博物馆有一件较大的实物湖地缠枝宝相花绒毯（ROM974. 404. 2），中间一朵大宝相花，周围共六朵中型的宝相花，辅以蝙蝠穿插其间。（图 4-34）同类绒织物在南京博物院也有收藏。另外，中央民族大学博物馆中的一件绒袍，所用的布料很有可能就是天鹅绒的毯料。

图 4-34　湖地缠枝宝相花绒毯

第三种是一中心、四角对称的图案构成。常见的是中间是一个四瓣的小区,其他空地均布以博古纹,如加拿大皇家安大略博物馆藏的红地博古纹绒毯(ROM923.6.1)。

3. 椅垫

椅垫又称椅披,在古代室内装饰织物中是一个特殊的种类,这是由中国古代特别是明清时期椅子的特性所决定的。它一般共有四折,因此,一件椅披可以从上到下分为四个区域。一是椅披,通常搭在椅背背后,其图案逆向;二是椅背,位于椅背的正面,与人背相靠,图案通常稍长一些,可以垂直正视;三是椅垫部分,直接用于坐垫,其图案总是四平八稳,无明显方向性;四是椅下的裙摆,或可称为椅摆,图案较椅背要短,但纹样应有方向性。整件椅披中的几个纹样区域相对独立,其主题互有关联,甚至有些是一样的。

图4-35 红地缠枝莲三色绒椅垫

如皇家安大略博物馆收藏的红地缠枝莲三色绒(ROM972.415.149),是一件三色绒,红绿两色居中,红蓝两色作边。中间的图案亦分四区,其中椅披、椅背和椅摆都是缠枝莲花,只有椅垫处是四瓣窠中的独窠莲花(图4-35)。同样收藏于皇家安大略博物馆的一件破损较为严重的龙纹椅披(ROM961.223.20),四周用龙纹作框,中间的纹样也是龙纹为主。其中椅披和椅背都用龙纹,只是方向不同,椅垫上用四瓣窠中的莲花,椅摆上则是对狮纹样。另一件收藏于中国丝绸博物馆的大红织金椅披的图案更为复杂,四个区域各不相同。椅靠上是龙纹,椅垫上是八吉祥中的盘长,椅摆上是单只的蹲狮,而椅披上则是一个“囍”字,二者方向相反。(见图5-49)。

绒上绣画

除了天鹅绒所织出的图案本身之外，天鹅绒还可采用绒上刺绣和画彩的方法来进行装饰。丝织品上再进行刺绣或绘画的情况虽然很多，但由于天鹅绒是十分厚重的织物，而且本身已有很好的装饰效果，因此，这种绒上绣画的手法多少有些类似锦上添花的意味。

1. 明代天鹅绒上的刺绣

绒地刺绣的方法主要在明代使用，原因是明代织绒基本以素织为主，或是加上适量的雕花，刺绣的加入可以进一步丰富绒的装饰效果。这种绒绣被较大量地应用于明末及清初皇家的衣料。

加拿大皇家安大略博物馆藏的黄色四合云漳绒地刺绣龙袍料（ROM925.67.2）是一件明代风格的龙袍袍料，其地用的是黄色的雕花绒，四幅拼成，绒毛为地，绒圈为纹，雕出的基本图案是四合如意云和八吉祥纹样，上面再加刺绣勾边。刺绣材料的主要用线是彩线、龙抱柱和捻金线，刺绣图案的核心部分是位于中间的柿蒂窠过肩双龙以及两道龙栏。（见图5-9）与定陵出土的妆花龙袍袍料与刺绣龙袍袍料比较，可知这是典型的明代晚期的龙袍袍料布局。这样的绒地刺绣袍料在当时非常流行，中国丝绸博物馆也藏有一件绒地刺绣折枝灵芝上托寿字的残片（SM2850），其风格与皇家安大略博物馆所藏十分接近，只是中国丝绸博物馆的这件残片的寿字上还有一个卍字纹，可以读为“万寿如意”。（图4-36）

这样的面料一直被使用到清代早期。加拿大皇家安大略博物馆所收藏的另一件深蓝色绒地刺绣龙袍（ROM983.239.1）似乎是用同类的绒地刺绣袍料制作的清初的新袍。在清一色的深蓝绒地上，也是用金线和彩丝一起绣出了柿蒂窠的盘龙和行龙，其图案布局明显与上述的黄地龙袍袍料相同，却被裁成了两行龙栏的藏式袍“楚巴”，显然是清代的款式。

图 4-36　绒地刺绣折枝灵芝上托寿字残片

2. 玛什鲁布

玛什鲁布是清代乾隆年间故宫收藏的一批扎经染色的绒类织物。通常认为，这批织物是由新疆维吾尔人民织造的一种起绒丝、棉交织物，当时作为贡品送达宫廷。其原料以棉为纬、以丝为经，组织结构与漳绒相仿，地经与地纬织成斜纹作地，绒经与地纬呈 W 固结起绒。但其图案显花则采用了扎经印染工艺，具有新疆维吾尔族和田绸的特点，可以看做中国各族人民纺织技术交流的结晶。

故宫博物院收藏有绿色长条花纹玛什鲁布绒被和红色织成八角花纹地玛什鲁布。绿色长条花纹玛什鲁布绒被的起绒方法为经线用家蚕丝，纬线用棉纱。（图 4-37）经线扎染成蓝、白、绿、红、黄五色，由于纤维毛细管的作用，彩条间带有别致的无级层次色晕。（图 4-38）

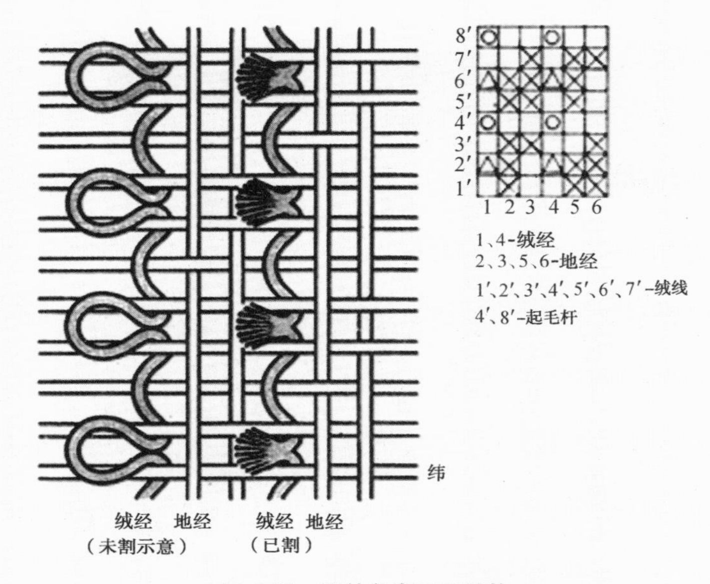

图 4-37 玛什鲁布组织结构

图 4-38 玛什鲁布

3. 绒上之画

绒上加绣在明代十分常见，到清代因为漳缎的产生和雕花绒的流行，这种绒绣就渐渐少见了，转而出现了绒上加画的装饰形式。

中国丝绸博物馆藏有一件绒地彩绘虎纹（SM1628），织物虽然不大，只有 27. 5 厘米长，20 厘米宽，却在上面用彩绘的方法画出一只奔跑的虎以及水草地景，水面与陆地采用大面积的着色，虎纹非常生动逼真，低头、抬腿、翘尾，虎奔跑的动势表现得淋漓尽致。其地为雕花绒，整幅画面除虎纹割绒以外,其余均为绒圈。(图 4-39)画与织结合在清代的一些装饰织物中应用得较多,如缂丝加画、顾绣加画以及像景画等,这种绒上加画的方式很有可能是清代的创造。

这类绒上加画的丝绒画在清宫中也十分流行。宫中收藏称为漳绒画,其中最大的漳绒画为余兆熊款邓尉图卷,高 61 厘米,也就是绒的幅宽,长为 601 厘米,是绒的幅长。先割绒毛,再用笔墨渲染。另一幅漳绒渔樵耕读图屏,共四条屏,每条长 108 厘米,宽 25 厘米,也是水墨画,其地为绒圈部分,花纹为割绒部分,风格特别,不同于绘画原作。

图 4-39　绒地彩绘虎纹

第五章

绒织物的应用

绒是一种广受大众喜爱的丝织物。它总是与舒适柔软、温暖细腻、柔滑华美之感相关联，给人们带来无与伦比的梦幻之感。因此，天鹅绒自出现之日起就开始在欧亚大地上流行。

在欧洲，天鹅绒于11世纪前后流行于意大利半岛。《马可·波罗游记》中已经提到在欧洲及西亚均有天鹅绒的生产和服用。当时，英国国王、皇后以及贵族们的服装引领社会的风尚，爱德华三世（Edward III，1312—1377）期间颁布的《禁奢法》（*The Sumptuary Laws*）中规定，只有贵族的夫人或女儿才能穿着天鹅绒、缎子及貂皮大衣[1]，说明天鹅绒与贵重的皮毛大衣一样珍贵。可以推想，一定是民间大量的效仿引起了社会效应，政府才会出台法规加以限制。

亚洲，特别是波斯，也是生产天鹅绒的重要地区。在萨非王朝时期的伊朗（Safavid Iran，1499—1722），天鹅绒越来越流行，这得益于天鹅绒简单的图案设计，但这种设计要求天鹅绒面料纹理要多样化。17世纪中期，编织图案设计与绘画紧密相关，两者都着重追求平和与简单的图形。宫廷画家瑞札·阿巴西引进了简单的图形风格，这种风格后来被他的儿子萨非·阿巴西所继承。阿巴西也从事纺织品和地毯的图案设计，代表作是在薄地花天鹅绒上装饰简单的图案：几位优雅的少妇站在波光荡漾的水池旁的花卉丛中。少妇的发型和低胸紧身衣都反映出欧洲风格的影响。

自从天鹅绒来到东亚之后，日本和中国都表现出对天鹅绒的极大

---

〔1〕 The English Sumptuary Law of 1363: The wife or daughter of a knight-bachelor not to wear velvet; The wife or daughter of an esquire or gentleman not to wear velvet, satin or ermine.

喜好。在日本，天鹅绒一直是与欧洲贸易的主要产品，而且成为日本上层社会的一种时尚。在中国，天鹅绒最初也是为皇家和官员所用；漳泉一带的天鹅绒产品到苏宁一带形成漳绒和漳缎产业，一直流传至今，也保存下来大量的天鹅绒精品，用做衣服、家装饰品以及纯装饰性工艺品。以下就收藏于世界各地的大量中国古代（以明清时期为主）的天鹅绒实物，按时代先后作一介绍。

元明早期的天鹅绒

1. 绒缘织金绫风帽

此帽现藏中国丝绸博物馆（图5-1），其主要部位为奔兔方搭织金绫，但金线已基本脱落。帽厅有一织金锦制成之帽尖。另有褐色罗和黄色绮制成之帽带，为系缚所用。帽内以平纹绢作衬里。此类帽子在蒙元时期常见，其最为引人注目之处为作为帽缘的素绒。（图5-2）

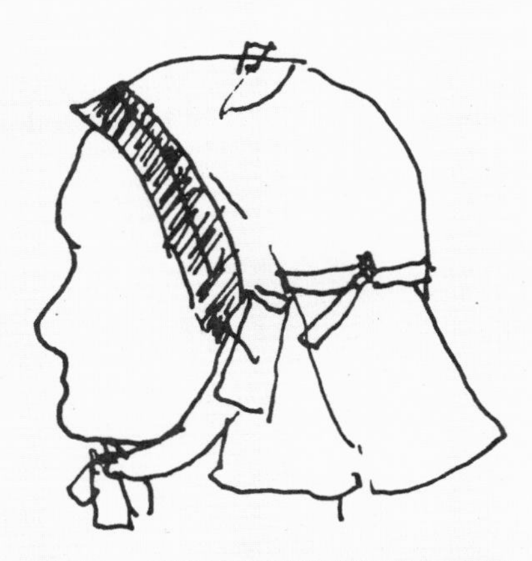

图5-1　元代怯绵里绒缘风帽示意图

帽缘以紫素绒制成，绒毛朝外折叠成缘边宽4厘米、周长约为74厘米的帽缘。仔细观察此件绒织物，可以看到其经丝分为两组，一组是绒经，较粗，深褐色；另一组为地经，颜

图5-2　元代风帽上的素绒缘

色较浅，很细。地经与绒经之比为2∶1。其纬丝亦有两种，一种是一般的地纬，色浅，时细时粗；另一种是固结纬，色深，粗细适中，位于起绒杆的前后。地纬和固结纬的比例在不同的区域有所不同，这不同至少存在于两个区域。一个区域内的固结纬和地纬比为2∶1，另一个区域内的固结纬和地纬比为2∶2。织造时，地经和地纬总是以平纹交织，绒经总是在两根固结纬之间与起绒杆交织，其余地方就浮在地纬之上。如2∶1区域的就浮在一根地纬之上，2∶2区域的就浮在两根地纬之上。两个区域中的纬密稍有不同，前者为28根/厘米，后者为18根/厘米，绒毛7行/厘米。但其经密在两区内是一样的，均为地经28根/厘米，绒经14根/厘米。

绒的色彩现今为深褐色，但并不表示它当初的色彩也是如此。根据中国丝绸博物馆刘剑的测试，确认元代帽檐绒边上的染料色素为鞣花酸，很有可能提取自五倍子，则其原来的色彩应为黑色。这是目前所知中国发现的最早的天鹅绒实例。从同一帽子上的织物来看，其年代当在蒙元之际，即13世纪初期。这件织锦也许是已发现的最早的怯绵里实物。

2. 黑色素绒忠静冠

此冠于1966年出土于苏州虎丘王锡爵夫妇合葬墓，应为王锡爵生前所用忠静冠，高22厘米，直径17厘米，黑素绒面、麻布里，冠上五道梁及两旁连后面的如意纹均压金线。[1]王锡爵（1534—1611），字元驭，明南直隶太仓州人。嘉靖四十一年（1562），中会元、榜眼，授编修。先后担任国子监祭酒、詹事府詹事、翰林院掌院学士、礼部右侍郎等职。万历十二年（1584），拜礼部尚书兼文渊阁大学士，入阁为次辅。万历二十年（1592），再拜为“一人之下，万万人之上”的内阁首辅，任

---

〔1〕 苏州市博物馆：《苏州虎丘王锡爵墓清理纪略》，《文物》1975年第3期，第51～55页。

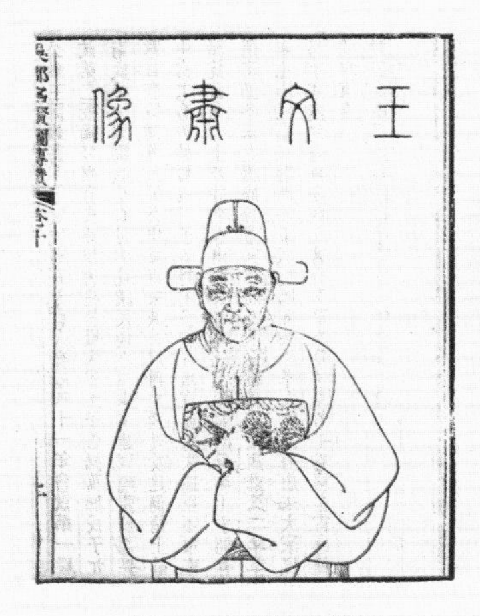

图 5-3　王锡爵像

内又晋升为吏部尚书兼建极殿大学士。万历二十二年，八辞乞休，皇帝仍加其原官衔，派官员护归。及至王锡爵晚年，万历帝还屡召其复出为相，以重整朝纲，然而最终王锡爵因故未能再度出山。（图 5-3）

这件忠静冠完全符合明代冠服制度。《大明会典》卷 61《冠服二》载：嘉靖七年定忠静冠服，其中“忠静冠：即古玄冠，冠匡如制，以乌纱冒之，两山俱列于后，冠顶仍方，中微起三梁，各压以金线，边以金缘之。四品以下去金，边以浅色丝线缘之”。（图 5-4）

嘉靖时期“以乌纱冒之”的忠静冠，到王锡爵时已换成了天鹅绒。这件天鹅绒为黑色，地经和绒经比为 2∶2，地经四根为一组形成一个四枚经面斜纹，绒经两根一起，同时起绒，同时在地纬之间弯曲，形成 W 形固结。这种绒组织后世很是少见。（图 5-5）

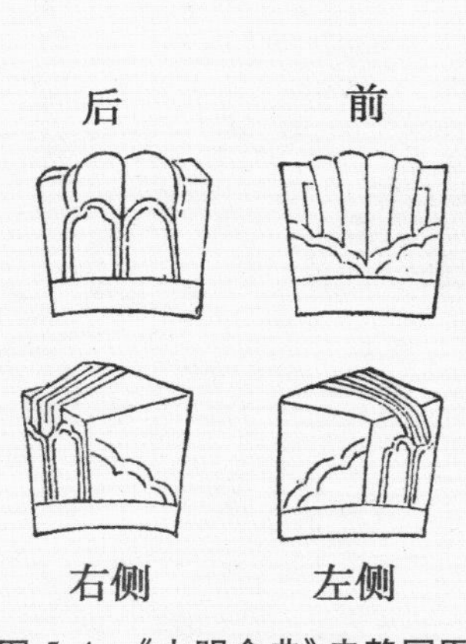

图 5-4　《大明会典》忠静冠图

图 5-5　王锡爵忠静冠

3. 黄双面绒绣龙方补方领女夹衣[1]

这件双面绒绣夹衣出自明代定陵中的孝靖皇后棺内中部北侧（J82：2）。定陵是明代万历皇帝的陵墓，孝靖是其皇后。（图5-6）绒绣夹衣面为双面绒，平纹结构，经起绒，正反两面均有5毫米长的褐色毛绒，经纬密度58/12。前后方补绣云龙梅花纹，前补长36.2厘米，上宽8.5厘米，下宽14厘米，后补长36厘米。衣里为曲水纹地组成的菱形格，内饰四合如意云纹和卐字纹绸，身长71.2厘米，领宽3.1厘米，通袖长164厘米，袖肥47.7厘米，下摆宽74厘米。（图5-7）经丝投影宽

图5-6　定陵墓室内照

图5-7　黄双面绒绣花龙方补方领女夹衣

〔1〕 刘柏茂、罗瑞林：《明定陵出土的纺织品》，载《定陵》，文物出版社1990年版，第100页，彩版29。资料同时参考了其中的附表七《女衣登记表》，第263页；附录四，第345～351页。

0.15 毫米，捻度中，捻向 S，纬丝投影宽 0.45 毫米，捻度中，捻向 S。淡黄色，平纹地，绒毛长 5 毫米，纬丝是三根并合在一起。这块双面绒的绒毛如此之长，在丝绒织品中确不多见。采用双面绒，显然是为了提高保暖性能。绒毛是 V 字型单纬固结，牢固性差，经、纬丝都加捻，三根纬丝并合是为了加固绒毛的固结。从产品分析来看，地经和绒经比是 2∶1，采用了双经轴，可能是两面用起毛杆法起绒，起毛杆是一上一下顺序织制。由于是单纬固结，毛绒间距小，两面毛绒紧实。（图 5-8）

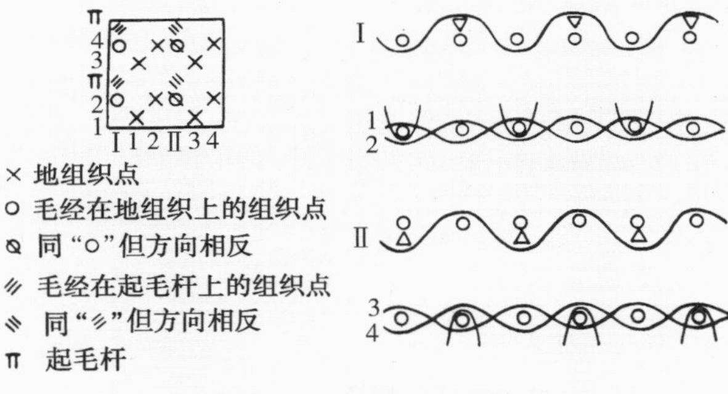

图 5-8　双面绒组织图

这件双面绒是一件夹里衣服，绒的底板呈酱红色，夹里是玉红色，绒毛呈淡黄色。当时的北京纺织科学研究所对其进行了染料测试，通过薄层方法测试，发现其 Rf 值与黄柏染的标样相同，因此，这件双面绒的原初色彩被判定为黄柏染的黄色。黄柏，又名黄檗，学名 *Phellodendron amurense*，是中国传统植物染料中的重要一类，早在北魏时期，黄柏已被用做帝王服饰染印黄色的专用染料。明代《天工开物》中也提到黄檗可以直接染明黄。

同墓中还出有红双面绒绣龙凤方补方领女夹衣（J90∶3），出自孝靖后棺内东端中部；孝端后棺内西端北侧出有蓝色单面绒方领女夹衣（孝端皇后 D27），面为蓝色单面绒，经起绒，绒长 4 毫米，身长 76 厘米，通袖长 137 厘米。残。

图 5-9　黄色四合云漳绒地刺绣龙袍料

4. 黄色四合云漳绒地刺绣龙袍料（ROM956. 67. 2, Gift of Mrs Edgar K. Stone）

这是一件明代龙袍的袍料，由四幅绒料拼缝而成，像是一床床罩。长约 309 厘米，宽约 272 厘米，共由三幅绒织物拼成，每幅幅宽为 81. 5 厘米。绒面黄色，织成绒圈，然后割出部分绒毛，形成绒毛为主、绒圈作四合如意云纹和杂宝纹为花的基本图案。地经为三根一组，极弱 Z 捻，45 根/厘米，一根绒经，15 根/厘米，均为黄色，地经和绒经之比为 3 ∶ 1。幅边共 60 根经，1. 7 厘米宽。地纬也是黄色，28 根/厘米，起绒杆均为 9 根/厘米。[1]（图 5-9）

整件袍料基本完整，其中心位置上是一个大型的柿蒂窠的双盘龙，直径约为 109 厘米，一龙头前身后，另一龙尾后身前。这两条龙的位置在上身的上部，龙头翻过肩部进入正面或是背面，最后位于胸前或背后。另有两条四幅行龙，每幅中的行龙只有一条，这原应用于膝栏。至于盘龙两侧的两条龙栏应该是袖栏，上面绣的是升龙。所有龙的正龙身都以金线为主绣成，辅以少量的龙抱柱和彩丝。柿蒂窠之中，还有江崖海水和五彩如意云。地部主要是雕花天鹅绒的四合如意云，但云的轮廓线上还是有抱柱线钉绣和杂宝纹的轮廓。（图 5-10）

---

〔1〕 Harold B. Burnham. Chinese velvet, Occasional Paper 2, Art and Archaeology Division, Royal Ontario Museum, Toronto, The University of Toronto Press, 1959, p31 ~ 34.

图 5-10　黄色四合云漳绒地刺绣龙袍料局部

这样的袍料从风格上来看，完全是明代的袍服款式，与定陵出土的龙袍布局完全一致，只是缺了一片里襟，所以使得其中一个龙头并不完整。此外，从龙爪、龙脸等风格来看，这件刺绣龙袍也应是明代的物品。同类的刺绣龙纹传世极少，因此，这件绒地刺绣龙袍袍料极为珍贵。

5. 绒地刺绣万寿如意龙袍料（ROM978.262）

这是另一件明代的绒地刺绣袍料，也藏在皇家安大略博物馆中。虽然这件袍料的完整性没有前一件好，但其上之刺绣远比前者更为华丽。可以看到这是一种散点排列的龙袍袍料，绛红色天鹅绒为地，用

图 5-11　绒地刺绣万寿如意龙袍袍料

红、绿、黄、蓝、白色丝线以平绣方法绣出灵芝草、云纹，用金线盘钉出寿字。其地还用紫红色素绒，全已割绒，绒上用金线和彩丝绣出袍料右侧的龙纹，包括正面右侧的一条升龙、背面正中的半条大龙和右下方的一条小龙，以及右肩上的一条肩龙。龙纹有地部，地上的纹样单元是折枝上托寿字，折枝的种类有三桃、竹子和灵芝，此外还有云鹤纹。这种折枝上托寿字的纹样在定陵出土物的妆花图案中也能见到。（图 5-11）

寿字图形是中国的吉祥图案，明清时流行着各种寿字纹，有团寿、圆寿及变形寿字，寿上加卍，寓意万寿。寿字还常常与其他一些吉祥图案组合，如五只蝙蝠构成团窠，中间填寿，即为“五蝠捧寿”；寿字与卍字、蝙蝠纹组合，寓意为“万福万寿”。

6. 庆长茶色天鹅绒地花卉纹刺绣祭服

庆长遣欧使节即支仓六右卫门常长，一般称为支仓常长，是日本仙台大蕃伊达政宗的家臣，也是伊达政宗向欧洲基督教会派遣的使臣。支仓常长于庆长十八年（1613）从日本出发，经墨西哥转往欧洲，在西班牙觐见了国王腓力三世，再转至法国和罗马等地，一直到 1620 年才经墨西哥回国。支仓常长回国时，国内形势一片混乱，其带回的所有东西都被仙台蕃切支丹没收。1965 年，支仓常长从国外带回的一些物品被仙台市博物馆收藏，其中就有一件基督教的祭服。

这件祭服无袖，套头，身长 130 厘米，裾幅 85.5 厘米，带有巴洛克艺术的风格。其基本面料为茶色地的天鹅绒，面料上用金线等刺绣形成图案，分成三个区域，中间一片以带翼天使、宝瓶、卷草等为主题，两侧是四片牡丹叶围绕的小团花纹样，呈二二错排。值得注意的是，作刺绣地的天鹅绒，其中间一片与两侧的两片是不一样的。中间一片的地组织是四枚变则斜纹，地经和绒经比为 3 ∶ 1，绒经为严格的 W 形固接；而两侧的两片绒织物地经虽然也是四枚斜纹，但其地经和绒经比为 2 ∶ 1，绒经也是严格的 W 形固接。（图 5-12）

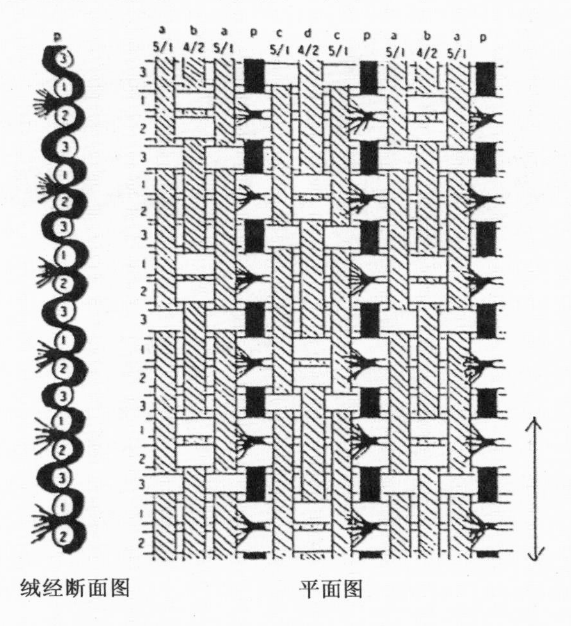

天鹅绒组织图：5/1、4/2、5/1 为庆长祭服中间织物（箭头为经线方向）

a、b、c、d、e、f 为地经，p 为绒经。

图 5-12　庆长祭服组织图

著名的加拿大纺织史学者 Burnham 在研究中发现，中国与西方的天鹅绒组织有着极大的区别，而在庆长祭服上作刺绣地部的两种天鹅绒都属于典型的中国天鹅绒，由此可以判断，这两种天鹅绒是在中国生产的。由于支仓常长在西班牙得到这件祭服的时间很有可能是在 1615 年前后，说明这件祭服是在这一时期之前在中国织造完毕，再通过澳门外销到欧洲，然后被支仓常长带回日本的。它沿着海上丝绸之

路在海上走了整整一个来回。[1]（图 5-13）

庆长祭服背面　　　　庆长祭服正面

图 5-13　庆长祭服

清代雕花天鹅绒（漳绒）

1. 黄色群仙祝寿雕花绒挂毯（ROM918.221.225）

这是一件群仙祝寿主题的天鹅绒挂毯，现藏加拿大皇家安大略博物馆。黄色，长 396 厘米，宽 244 厘米，整个挂毯由四幅漳绒先行雕花再横向拼接而成，每幅天鹅绒的门幅均在 62 厘米左右。绒的组织是四枚斜纹作地，地经与绒经比为 2 ∶ 1，绒经与地纬成严格的 W 固接。图案中心区域长 228 厘米，宽 188 厘米，四周留有宽度不等的边框，上边框宽 90 厘米，左右侧边框宽约 28 厘米，下边框宽 78 厘米。无论是中心区域还是外侧，均有夔龙火珠纹围成。

挂毯的中心区域是群仙祝寿的主题，四周用夔龙火珠纹作框。祝寿的对象是常见的王母和寿星。在这幅挂毯上，寿星骑着仙鹤、王母

〔1〕 吉田雅子：《庆长遣欧使节请来の祭服に关して》，东京国立博物馆：Museum，1998 年第 552 号，第 57 ~ 75 页。

坐着凤辇自西而来，而在瑶台为王母和寿星庆寿的群仙则为八仙与和合二仙。八仙就是佩剑之吕洞宾、持篮之蓝采和、持渔鼓之张果老、打竹板之曹国舅、吹箫之韩湘子、摇扇之汉钟离、持莲之何仙姑和拄拐之铁拐李，两位孩童样的持莲童子就是和合二仙。在这件挂毯上，八仙的形象还同时出现在中心区域两侧边框内，这种情况在其他八仙祝寿挂毯或挂幢中极为少见。（图5-14）

图5-14　黄色群仙祝寿雕花绒挂毯局部一

中心区域之上的横框中的主题是汾阳王祝寿。这也是传统的祝寿主题。图案中央为一幅拄杖持桃的寿星图，郭子仪夫妇分立左右，其子女七人分别站在他们身后，人物面带笑容，神情逼真，场面喜气洋洋，表现了人间祝寿的场景。（图5-15）

图5-15　黄色群仙祝寿雕花绒挂毯局部二

中心区域之下的横框中图案是海上仙山，惊涛拍岸，仙鹤尽舞，蟠桃硕大，灵芝长生。表达的是海水长流、江山永在的意思。（图5-16）

图5-16　黄色群仙祝寿雕花绒挂毯局部三

图5-17　石青佛殿菩萨雕花绒挂毯

2. 石青佛殿菩萨雕花绒挂毯（ROM918.21.390）

此件石青佛殿菩萨雕花绒挂毯尺幅较小，用两幅漳绒雕花拼接而成，现藏加拿大皇家安大略博物馆，长197.5厘米，宽126厘米，平均每幅天鹅绒的幅宽为63厘米。织物的色彩为石青色，组织结构与上述黄色的群仙祝寿挂毯完全一致，绒的组织是四枚斜纹作地，地经与绒经比为2∶1，绒经与地纬成严格的W固接。（图5-17）

图案由内外两个长框组成。最外边的长方形框由卷草夔龙纹构成，宽约10厘米，中间是一祥云构成的椭圆形框，其四角的空隙处用莲花填充。画面中间是一佛教寺庙，寺前端坐释迦牟尼，四周围着各种大小菩萨。（图5-18）

图5-18　石青佛殿菩萨雕花绒挂毯局部

3. 黑色独枝富贵清水漳绒衣料（SM0582）

这是一件未经裁剪的漳绒衣料，现藏中国丝绸博物馆。衣料的幅宽为66.5厘米，幅边宽1.2厘米，其中外侧为黄色。地经和绒经均为黑色，但地纬却为黄色。

图5-19　黑色独枝富贵清水漳绒衣料

织物为漳绒，也就是雕花天鹅绒。其图案为独枝牡丹和桂花，将图案拼合后可以看出，衣服正面和背面的牡丹图案相同，都是独枝花。此花从地面开始上升，地面还有若干小草小花，然后先是一右，再是一左弯曲，分别生出两朵牡丹，然后继续向上，在中间又是一朵大牡丹，此花基本位于胸前。由此而上，独枝分为两枝，分别向两袖伸展，每袖之上各有两朵牡丹。这样，正背各有七朵牡丹大花，占有明显的主导地位。桂花与牡丹生在同枝，只是花型较小，因桂花附近的叶片与牡丹叶明显不同，所以可以确认为桂花。（图5-19）

在中国传统图案中，牡丹通常表示富贵，桂花与“贵”谐音，牡丹与桂花同枝，则是富上加贵之意。这枝牡丹的底部宽 50 厘米，花枝的高度约为 87 厘米，花枝的高度也就是衣服的高度，而衣服的通袖长则是 120 厘米左右。

衣料上还有一些小块的图案，主要分布在三处，一是衣服的里襟，二是衣服的领子，三是一些小袋。在织物的机头，雕有一行楷书，为“定织加重真清水头号漳绒”，注明这件衣料在当时称为漳绒。其中的“定织”指的是其图案可能是专为某人设计并割绒的；“加重”指的是其质量很好，用料很足，犹如今日所谓的重磅；“真清水”即今天的纯丝绸或真丝绸，用料不杂，不用别的替代品；头号就是“头等”的意思，其质量等级为 A 级或特级。这样的机头有雕花的漳绒并不多见。（图 5-20）

图 5-20　黑色独枝富贵清水漳绒衣料局部

4. 蓝色云蝠纹漳绒(SM1829)

这件漳绒地经黑色,绒经蓝色,3/1Z向4枚斜纹作地,地经和绒经比为2∶1。边经绿色,幅边宽1.5厘米,其中1.2厘米为绿色边经。图案是细密的云蝠纹,循环约为经向4厘米、纬向5厘米。(图5-21)

这块匹料现藏中国丝绸博物馆,有趣的是匹料头上还系了一张纸条,上写“漳绒”,另一行的末尾写有“寄存”,这从另一个角度证实了这类雕花绒在当时被称为漳绒。(图5-22)

图5-21　蓝色云蝠纹漳绒

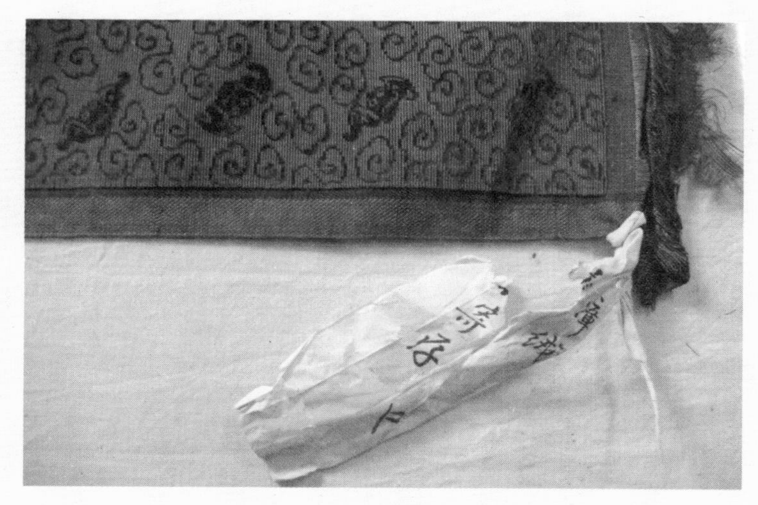

图5-22　蓝色云蝠纹漳绒局部

5. 蓝色团花如意三多纹漳绒褂料(16672)

这是一件收藏于比利时皇家博物馆的褂料,蓝色。可惜的是这已不是一件完整的褂料，不过还是保留了其中的大部分。其主要的面料部分图案是团花如意三多，团花是其外形，而如意其实就是两朵灵芝，三多寓意多子、多福、多寿，分别用石榴、佛手、桃子来代表。团花之中有一枝水仙作为边饰，图案主要集中在领圈、底襟和袖头部分，用的都是梅竹报春。主面料部分以绒圈作地，雕绒作花，而在边饰部分以雕绒作地，留出绒圈作花。（图5-23）

图5-23　蓝色团花如意三多纹漳绒褂料

有意思的是这件褂料机头也有一行织款，在绒圈地上雕绒雕出英文PICK KIN WD & C. O. NANKING，其中PICK KIN WD应该是其公司的名称，而NANKING即南京，就是其生产的地点。这家公司应该是位于南京的一家有着国际背景的绸庄，产品直接销往海外，但其产品却是典型的中国风格，推测其生产年份或许应为民国初年。

6. 藏青色金鱼纹漳绒背心（ROM910. 65. 3）

这件背心收藏于加拿大皇家安大略博物馆，长84. 5厘米，肩宽45. 2厘米，下摆宽87. 5厘米，领高8厘米。整件衣料由漳绒制成，以绒圈作地、雕花天鹅绒作花。其中间的主要面料图案是散点的金鱼纹，正面和背面各有八条金鱼，大头宽尾，在水藻之间游动。（图5-24）

边饰很宽，可以分成两层，外层以如意头为界，主要纹样是梅、兰、竹、菊四君子和蝴蝶间隔排列，内层是长形和圆形的寿字间隔排列。这些纹样都是清代晚期非常流行的题材，分别含有年年有余、友情无敌、其寿长远等寓意。

图 5-24　藏青色金鱼纹漳绒背心

7. 深蓝色渔樵耕读漳绒马褂（ROM910. 65. 6）

这件马褂收藏于加拿大皇家安大略博物馆，长 71. 12 厘米。整件马褂都在绒圈地上雕出渔樵耕读的主题纹样。（图 5-25）

图 5-25　深蓝色渔樵耕读漳绒马褂

图 5-26　深蓝色渔樵耕读漳绒马褂局部一

这件马褂上的渔樵耕读场面都设置在自然的景观之中，有山、水、树、屋等相伴。正面衣身最中间的是代表最高境界的读书场面（图 5-26）。右侧是假山石、松树，左侧是梧桐树和梅花鹿，都是文人所处的最佳场景，中间则是一个八角或六角亭，亭内亭外共有三人在读书。读书的场面还出现在两侧衣袖的下部，松石桐鹿的场面基本一致，但亭子变小了，亭子里只有一位读书郎。樵在这件衣服上所占的比重很大，沿两袖上部到肩部的一条上线均是樵夫。樵夫均作挑柴状，一种是挑一担，另一种是单挑一把，樵夫之间有树木相隔，天上则有云鹤相伴，飘逸潇洒。（图 5-27）渔和耕集中在马褂正面的下部，均有小桥流水相伴。渔在读的正下部，一位渔翁坐在柳树之下垂钓，另一位渔夫扛着钓竿正走过木桥。（图 5-28）耕位于渔的两侧，左侧的耕夫正牵着牛在田里耕作，而右侧则是一位骑牛回家的牧童，吹着竹笛走过石桥，一派悠然自得的神情。（图 5-29）桃花源式的中国农村生活就被这样搬到了天鹅绒的马褂上面。

图 5-27　深蓝色渔樵耕读漳绒马褂局部二

图 5-28　深蓝色渔樵耕读漳绒马褂局部三

图 5-29　深蓝色渔樵耕读漳绒马褂局部四

8．紫色福寿三多纹漳绒夹紧身

此件也可称背心，现藏故宫博物院。其身长 76 厘米，肩宽 39 厘米，下摆宽 78 厘米。圆立领，琵琶襟右衽，左右开裾。以紫色漳绒作面，月白色素纺丝绸作里。面料的主要部位以绒圈为地，雕绒作花，散点布置成簇的石榴、佛手、寿桃，组成三多纹样，寓意多子、多福、多寿，三多之外，穿插排列团寿、蝙蝠，以加强福寿双庆的寓意。紧身的边缘是以割绒为地、绒圈为花，用两组纹样间隔排列，一以牡丹花叶，二以飘带缠绕卍字，牡丹代表富贵，卍字和飘带表示万代，整个边缘寓意富贵万代。（图 5-30）

图 5-30 紫色福寿三多纹漳绒夹紧身

9. 月白地江山万代如意漳绒

此件现藏故宫博物院。根据故宫发表的资料看，其地经和地纬均为蓝色，织出四枚斜纹的地组织，绒经为月白色，与起绒杆织成绒圈作地，并被雕绒形成图案。其有三个纹样在经向依次形成一列，一是卍字和飘带，二是如意云头和飘带，三是象征江山的山石和海水，每两列之间相错 1/2 的纹样单元排列，形成十分统一和规律的散点图案。其组合后的寓意是江山万代，或江山万代如意。这类图案据说在光绪年间非常流行，故宫博物院确定其为光绪年间（1875—1908）的产品。（图 5-31）

图 5-31　月白地江山万代如意漳绒

10. 杏黄色剪绒(SM0316)

此件原藏故宫,现藏中国丝绸博物馆。织物很简单,是平素绒,没有图案,幅宽 62.3 厘米,两侧有幅边,各为 1.1 厘米。地经黑色,地纬也是黑色。绒经杏黄,十分鲜艳,边经深蓝色。地经与地纬织成 3/1S 斜纹,地经与绒经之比为 2∶1。这件绒的绒毛特别长,有可能正是史料中所称的建绒。(图 5-32)

图 5-32　杏黄色剪绒

清代漳缎和绒缎

1. 石青地凤穿牡丹漳缎女褂(ROM909.12.3)

原件现藏加拿大皇家安大略博物馆。褂长 113 厘米,通袖长 128 厘米,对襟,平袖,袖口宽 42.3 厘米。褂面为石青色凤穿牡丹漳缎,地经 Z 捻,石青色,绒经亦有 Z 捻,深蓝色,地经密度为 96 根/厘米,绒经密度为 32 根/厘米,地经与绒经比为 3∶1。地纬 S 捻,石青色,密度为 46 根/厘米,地纬与起绒杆的比例为 3∶1。地部由地经和地纬织成六枚不规则缎纹,花部由提花织成绒圈,织后全部割为绒毛。(图 5-33)

石青地凤穿牡丹漳缎面料的门幅约为 63 厘米,其主题图案为凤与牡丹。一幅之内应有两个循环,纬向循环约为 30.4 厘米,经向循环约为 48.5 厘米。一个循环内共有两行凤凰和一枝牡丹,两行凤凰的

图 5-33　石青地凤穿牡丹漳缎女褂

飞行方向相反，一行上飞，一行低飞；一枝牡丹中共有四朵大花，两朵重瓣，两朵单瓣。（图 5-34）凤穿牡丹是中国传统图案中的经典题材，特别适合用于女性服装。

图 5-34　石青地凤穿牡丹漳缎女褂局部

女褂的袖头为浅蓝地蝴蝶牡丹漳缎，其地经 Z 捻，浅蓝色，绒经亦有 Z 捻，深蓝色，地经密度为 96 根/厘米，绒经密度为 32 根/厘米，地经与绒经比为 3∶1。地纬 S 捻，本色，密度为 40 根/厘米，地纬与起绒杆的比例为 3∶1。地部由地经和地纬织成 6 枚不规则缎纹，花部由提花织成绒圈，织后全部割为绒毛。

浅蓝地蝴蝶牡丹漳缎的图案是蝴蝶与牡丹。由于袖头展开后的长度为 85 厘米，但宽仅有 10 厘米，而且两袖袖头为同一经向位置，因此我们无法复原其纬向循环；其经向循环亦大于 85 厘米，推算为 100 厘米左右。一个经向循环中有三行牡丹和蝴蝶，牡丹均为两朵大花，而蝴蝶分别为上飞、低飞和平飞三种姿态。

这件漳缎女褂的用料配合极为讲究。褂身面料和袖头面料均采用蓝色系的漳缎，风格统一，但一深一浅；两种图案中均用牡丹纹样，牡丹纹的造型基本一致，尺寸也基本相同，十分和谐。不过，两者又有变化，一是凤穿牡丹，一是蝶穿牡丹，十分巧妙。它是清末漳缎织造技术发展和服装设计艺术创新的经典之作。

2. 蓝灰地紫绒牡丹纹漳缎女褂（ROM910.65.10）

该衣对襟，盘扣，长袖平口，通袖长 150 厘米，衣长 56 厘米，领高约 5 厘米。四周滚黑缎边，蓝绢作里。可称为对襟夹衫。（图 5-35）

用做主要面料的为漳缎。用蓝灰色丝线作地经，蓝灰色丝线作地纬，深紫色丝线作绒经。地经与地纬交织成八枚缎作地组织，每四根地经间隔一根绒经。由于背面已被衬里所覆盖，因此无法判断其固结

图 5-35　蓝灰地紫绒牡丹纹漳缎女褂

的方法。

绒的图案是一种折枝牡丹，但从其枝叶来看，其年代较晚。一个单元中共有两个折枝，其经向循环约在65厘米左右，纬向约为半个门幅，约30厘米，两侧的花卉方向刚好相反。

3．玫红色牡丹寿桃纹漳缎袍料（SM2838）

这是一件未经裁剪的袍料，现藏中国丝绸博物馆。衣料的幅宽为59.6厘米，幅边宽0.8厘米，总长406厘米，织物已不完整，但仍保留有一件旗袍的半身及里襟等部分。在机头处织有一个衣领，还有一段织款："赵庆记头号漳缎"。（图5-36）据说故宫博物院还收藏有两件雪青色漳缎马褂，褂端有圆形印章"苏省"两字，并有正方形印章"赵庆记置"四字，与此件织物相印证，说明苏州赵庆记纱缎庄是当时织造和经营漳缎的重要作坊。

图5-36　玫红色牡丹寿桃纹漳缎袍料织款

织物的地经、地纬以及绒纬均为玫红色，因此整件织物浑然一体。地部组织为六枚经面变则缎纹，以提花方式按图案要求提起绒经，织入起绒杆，织成之后再在起绒杆上割绒，形成如现在所见的图案。这就是所谓的漳绒。

这件漳绒的图案主题是庆寿。面料的正中是一整枝的桃树，树下

图 5-37　玫红色牡丹寿桃纹漳缎袍料

有少量的山石，枝头除盛开之桃花之外，还有累累桃实。其中一枚桃实中有圆形的寿字，正含蟠桃献寿之意。桃树之侧有一枝牡丹，又是富贵的象征。像这样整幅又是整件的漳缎图案十分罕见，可算传世漳缎中的珍品了。因此，这件衣袍或许是一份重重的寿礼。（图 5-37）

4. 藏青地牡丹梅蝶蝙蝠纹漳缎女服

这件藏青地牡丹梅蝶蝙蝠纹漳缎女服现藏苏州丝绸博物馆。（图 5-38）其衣身长 120 厘米，通袖长 129 厘米，袖口宽 37 厘米，下摆宽 102 厘米，衣襟及边饰宽 3.8 厘米，为清代晚期的女式夹褂。此褂的主要面料是藏青色的漳缎，其织物规格基本可以复原，外幅 73 厘米，内幅 71.5 厘米，一幅之内地经 6 912 根，绒经 864 根，图案的纬向循环约为 18 厘米，即一幅之内共有四个单元，经向循环约为 37 厘米。

从图案的题材来看，最为引人注目的是一朵折枝牡丹和一对寿桃。折枝牡丹一般寓意富贵，而蟠桃则是长寿的象征。除此之外，花、桃之间还有一些细小的花朵，可以辨认的有玉兰、芍药、菊花、梅花等，这些花朵象征一年四季。此外，在牡丹的上方还有一只飞蝶，飞蝶一方面可以与牡丹构成蝶恋花的图案，也可以寓意为富贵无敌。（图 5-39）所以，整个图案蕴含的意义就是四季富贵，长寿无敌或万寿无疆。

图 5-38　藏青地牡丹梅蝶蝙蝠纹漳缎女服

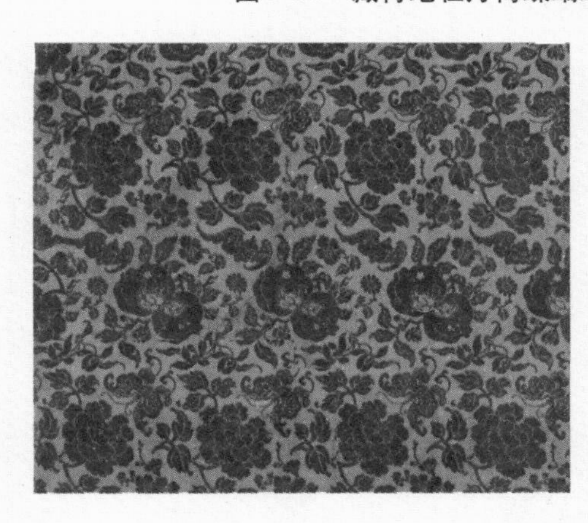

图 5-39　藏青地牡丹梅蝶蝙蝠纹漳缎女服局部

5. 红色四季花卉漳缎蟒裙(ROM910.65.28)

这件蟒裙现藏加拿大皇家安大略博物馆，是一条红色龙凤四季花卉漳缎女裙。(图 5-40)其马面图案采用的是与地纹不同的专用适合纹样，除顶部以外，三侧均以缠枝莲花饰边。中间是一正龙纹样，事实上从其四爪来看，应该称为蟒或蟒龙，但因为此件上还有凤纹，龙凤相对，我们还是称其为龙纹。此龙为正面的坐龙，四周云纹和蝙蝠飞绕，下部是江崖海水。(图 5-41)百折之处，均以宽约 13 厘米左右的窄长条制成，下部也有一段专门的适合纹样，与坐龙等高，其中的纹样有蟒有凤，方向还不相同。蟒的造型与马面处

图 5-40　红色四季花卉漳缎蟒裙

图 5-41　红色四季花卉漳缎蟒裙局部

相似，但凤的形状就比较夸张，凤侧还有牡丹花卉相伴。最中间的百折宽度与马面相同，织有一蟒一凤。裙子的其他部分是四季花卉，花卉种类有牡丹、水仙、莲花、菊花，代表一年四季，四季花间还有飞蝶穿插其中。

这类漳缎在织造时，不仅要织造大面积的地纹，同时还要织造四段龙凤图案。根据复原研究，这件漳缎在提花织造时需要几套花本。一套花本是作地的四季花蝶，四方连续，延绵不断。第二套是马面上的正面坐蟒，一个幅宽之中织出两个马面。第三套是百折最中间的一对蟒凤，其实也织有两对，一对是蟒往右下，凤往左上，另一对是蟒往左下，凤往右上。第四套和第五套也都是两蟒两凤，但它们的方向有所不同，必须用不同的花本来完成。所以，这种用于裙料的漳缎织造技术是十分复杂的，也可以算做一种织成。

6．红色瓜果花卉蝴蝶纹漳缎女裙（ROM914.7.18）

红色瓜果花卉蝴蝶纹漳缎女裙也收藏在加拿大皇家安大略博物馆中。（图5-42）其基本结构与四季花卉蟒裙一致，有以瓜果花卉蝴蝶纹为主的纹样作为地纹，地纹中的主要题材是牡丹、菊花、葡萄、瓜瓞、桃子和蝴蝶等。牡丹是富贵的象征，葡萄有多子的寓意，瓜瓞代表子孙连绵，两个桃子表示长寿，菊花与其他一些小花表示一年四季，而两只蝴蝶不仅是当时的流行图案，而且表示所向无敌，志在必得。在马面部位，女裙有着自己的特定图案，但是这一区域的图案主题也是瓜果花卉蝴蝶，与地纹中一个图案单元的纹样完全一样。不过它们的排列却是一个适合纹样，位于一个以蝙蝠、蝴蝶、花卉构成的框架之中。（图5-43）

图5-42　红色瓜果花卉蝴蝶纹漳缎女裙

图 5-43　红色瓜果花卉蝴蝶纹漳缎女裙局部

这种地纹与马面纹样一致，却有着不同排列和设计的女裙结构，在当时并不多见。织造时，地纹图案单元为一幅中四个循环，而到马面图案处为一幅中两个循环。这种女裙结构在设计上远较上述龙凤四季花卉纹样来得简单，但在展示效果上，却与马面裙基本相同，是较为简洁和高效的一种设计。

7. 湖色地牡丹纹五色绒缎（SM2851）

这件织物收藏于中国丝绸博物馆。织物虽为残片，但其中一片还留有幅边，幅边残宽 0.3 厘米，黄经边经。（图 5-44）中间部分以湖色为地经和地纬，绒经有多种色彩。残件之中，起码有五种颜色，一是湖色，主要作花卉的枝和叶；二是玫红色，作小花的花朵；三是橙色，作大朵花；四是米色，与橙色一起作花蕾等；五是深蓝，作另一种小花的花瓣。织物的图案是折枝花卉，加上缠枝卷草，经向循环约为36厘米。地经和地纬织出六枚变则缎纹作地部组织，地经与绒经之比为6∶1，每一处绒经处同时要有3～4种色彩的绒经排在一起，以提花的方法按图案提起其中一种色彩的绒经，与起绒杆交织，其余绒经就沉在织物的背面。等下机割绒之时，每种色彩处又按图案割出一部分绒圈成为绒毛，同时也留下一部分绒圈。割成绒毛的地方颜色较深，保留绒圈的部分颜色较浅。这样，图案部分的色彩又多了五种。这种部分割绒、部分不割绒的方法其实在中国很少采用，也许是学习了西方起绒织造技术之后才出现的。这件织物从原理上可以归入漳缎的范畴，但由于与传统漳缎的风格与面貌相差较远，所以称为绒缎更好。

图5-44　湖色地牡丹纹五色绒缎

同类的织物在世界各地有较多的收藏。最有名的是故宫博物院收藏的数件更为完整的同样图案的织物，其中一件黄地牡丹纹五色绒缎，其图案与此完全一样，但色彩有所不同。其地部为黄色，枝叶为灰蓝色，大花朵为红色，其他均有所不同，但也有不合适的。另一件是蓝地牡丹纹

图5-45　蓝地牡丹纹五色绒缎

五色绒缎，长 896 厘米，宽 74 厘米，可知其纬向循环为一幅中四花，18 厘米左右[1]。（图 5-45）此外，在欧洲的博物馆和民间收藏中也可以看到类似的织物。据研究，这类织物的纹样受到意大利热那亚 17 世纪末到 18 世纪初家装设计风格的影响，只是原来的玫瑰纹样被中国传统的牡丹纹样所取代。很有可能这些织物是在乾隆时期由西方传教士或受其影响的中国画家设计并在中国制作生产的产品[2]。

8．黄地缠枝菊花纹绒缎垫料

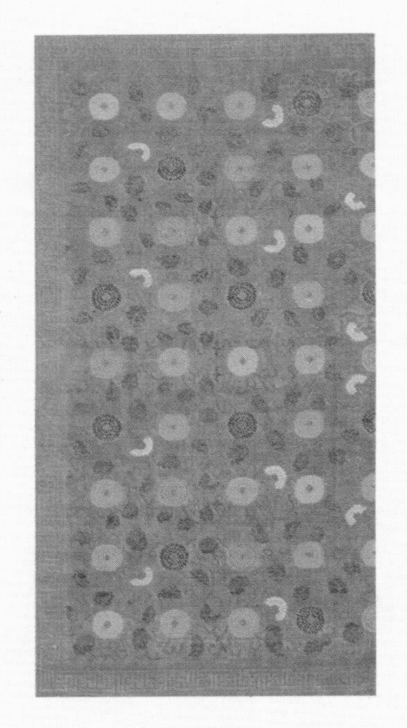

图 5-46　黄地缠枝菊花纹绒缎垫料

故宫博物院还收藏着一种缠枝菊花纹的妆花织金绒缎，这算是一种垫料或毯料，用做炕垫或椅垫。这件绒缎垫料长 117 厘米，宽 58.6 厘米，是一件完整的料子。两端的机头处及幅边一侧有宽约 5 厘米的卍字纹边饰，全用卍字不断头的纹样，表示绵绵无绝。（图 5-46）其主要部分为缠枝菊花纹样，菊花的排列十分整齐，共有 9 行 5 列半，即沿经线方向上共有 9 行，而沿纬线方向上共有 5 列半。可以设想，这件织物只是整个垫料的一半，如再有相同的这样一件垫料，就可以制成四周均为卍字纹边饰、中间是不同色彩的 9 行 9 列缠枝菊花纹的垫毯。

---

〔1〕 宗凤英：《明清织绣》，商务印书馆 2005 年版，第 28 页。

〔2〕 Clothed to Rule the Universe: Ming and Qing Dynasty Textiles at The Art Institute of Chicago, 2000, p30.

这是一件绒地织金妆花绒，其地部以明黄色经、纬线交织成四枚经斜纹地，再用黄色绒经与起绒杆交织成绒圈，从纹样设计来看，这种绒圈经割绒后形成垫料的地部。缠枝菊花纹的色彩非常丰富，有绿、蓝、红、粉等八种彩纬及金线，与枣红色纹经交织成纬斜纹显花。缠枝呈严格的S形曲线，菊花是严格的正面多瓣圆形，叶子则是对称的裂叶，同时还有时而出现的半侧菊花纹样。据故宫研究人员称，这是乾隆年间的作品，在修复乾隆倦勤斋时，故宫博物院委托南京才华艺术公司复制了这件黄地缠枝菊花纹绒缎，并获得成功。

这类绒缎在当时生产数量较多，因此，在世界各地均有较多的收藏。除故宫外，南京博物院也收藏有类似的织物，它与故宫所藏的织物几乎完全一样。加拿大皇家安大略博物馆也藏有类似的织物，只是没有边饰。它们的菊花纹数量均恰好是9行5列半，说明这些织物的设计和织制很有可能是在同一家作坊中完成的，其中最有可能的就是南京的倭绒作坊。

9. 黄地莲蝠纹绒缎垫料

故宫博物院还藏有另一种天鹅绒垫料，称为黄地莲蝠纹绒缎垫料。（图5-47）这件垫料长227厘米，宽68厘米，宽度的尺寸也就是织物的幅宽。其地为黄色经和黄色纬织成的四枚经斜纹，图案的地部由黄色的绒经与起绒杆织成绒圈，最后割绒形成绒毛。其主要的装饰方法也是织彩妆花，以墨绿、果绿、红、桃红四色彩纬，与捻金线一起作为纹纬，用通梭和挖梭的形

图5-47　黄地莲蝠纹绒缎垫料

式制成，再用枣红色固结经固结。

织物的主要纹样由缠枝西番莲与穿插的蝙蝠相间形成，其花型要远远大于缠枝菊花纹。从目前发表的图案来看，缠枝莲的纹样很大，尚无法复原完整的造型。其织物的两端均有边饰纹样，最外是单纯的卐字不断头纹边饰带，宽约 15 厘米，然后是宽约 10 厘米的西番莲饰带，再里面是宽约 10 厘米的夔龙纹（或称拐子龙纹）饰带。中间就是缠枝番叶和大朵莲花，莲花和蝙蝠的位置是对称的，但其缠枝和卷叶却是不对称的。有趣的是，南京博物院也藏有类似的绒缎垫料，如果有一天可以复原其原始尺寸的图案，这一图案的长度应该在 227 厘米左右，而其宽度方向至少要在三个门幅拼合之上，即至少为 174 厘米。

类似的莲蝠纹绒缎在当时也十分流行。故宫博物院的研究人员认为这些绒缎是康熙年间（1662—1722）的珍品。同类但较小的天鹅绒残片在加拿大皇家安大略博物馆、伦敦维多利亚阿伯特博物馆、中央民族大学博物馆等均有收藏，特别是加拿大皇家安大略博物馆收藏的莲蝠纹绒缎（ROM974. 404. 2），中间一朵大宝相花，左右上下共六朵中型宝相花，还有蝙蝠穿插。另一件莲蝠纹绒缎（ROM914. 13. 1），是一件纹样密度更大的作品，由三幅绒缎拼成，长 451 厘米，总宽 148. 5 厘米，气势十分宏大。

图 5-48　黄地博古纹绒缎垫料

10. 黄地博古纹绒缎垫料（ROM923. 6. 4）

天鹅绒缎垫料还有一种风格特殊的类型是纯地毯类型，由一中心和四角对称的图案构成，俗称“四菜一汤”。加拿大皇家安大略博物馆收藏的黄地博古纹绒缎垫正是这样一件实例(图5-48)。其长度为350厘米,宽度由三幅绒缎拼成,每幅绒缎各宽约62厘米,总宽为186厘米。

博古纹绒缎的中心是一个四瓣的小区,内布五种博古纹,最中心的是鼓纹,四周各为瓶类。中心区域之外共有7行博古纹,每行之中的博古数量并不相同,但上下对称。最两端的是瓶中插花,一瓶插莲花,傍古琴;一瓶插牡丹,傍如意;还有一瓶插灵芝如意。第二行的中间是瓶中梅花和绣球,两侧是书卷、盆景、笔筒等。中间的三行围在四瓣中心区域之外,也是各种博古纹样。图案的最外框共有三层,从里而外是拐子龙(夔龙纹)、西番莲和行龙纹。这件垫料由于中间的纹样可以从四周不同方向观赏,因此可能是铺垫于大型空间之中的垫毯,或者就是一种地毯,在同时代的天鹅绒缎中是很少看到的。

11. 红地狮龙杂宝福喜纹织金绒椅披(SM3111)

这件织物现藏中国丝绸博物馆,总长150厘米,宽49厘米。四周有宽约8~8.5厘米的折技花卉作边饰,主体部分分成四个区域。后披部分为五蝠捧“囍”,高约25厘米;椅背部分为正面云蟒,高约42厘米;椅垫部分为杂宝盘长,长约31厘米;椅摆部分为狮子滚绣球,高约31厘米。(图5-49)

图5-49 红地狮龙杂宝福喜纹织金绒椅披

这件织物以红色为绒,织金为纹。地经红色,与地纬形成3/1经面斜纹,绒经也是红色,与起绒杆织成绒圈之后割绒作地,其中的1/2地经与平金线以1/1平纹织出纹样。因此,这是一件红地织金绒。类似的织金绒在清代晚期到民国初年间十分流行，加拿大皇家安大略博物馆、维多利亚阿伯特博物馆也有多件收藏，不仅是用做椅披，还有用做桌围等。

特殊种类的天鹅绒

1. 红绿云蟒戏珠纹二色绒炕垫（ROM950. 100. 567）

这件红绿云蟒戏珠二色绒采用特殊的组织结构，其红色地经与红色纬线交织成四枚经斜纹作地，绒经共有红、绿两种颜色，两种绒经均匀地间隔排列，用提花的技术按图案需要提起相应绒经，与起绒杆交织。这种组织结构在清代的绒织物中较为少见，其表层的绒毛效果如同漳绒中的素绒，而其提花显花效果则有些类似于漳缎，因此，我们只能称其为二色绒。清代的织物中还曾出现过三色绒经交替显花的状况。

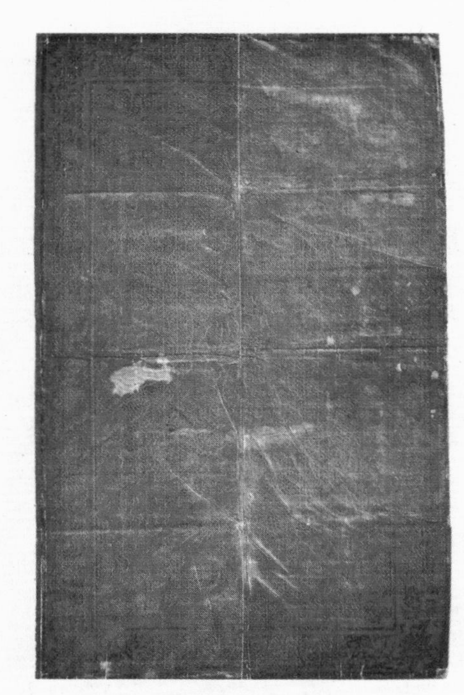

图 5-50　红绿云蟒戏珠纹二色绒炕垫

这件红绿云蟒戏珠纹二色绒炕垫现藏加拿大皇家安大略博物馆，长约 200 厘米，宽约 123. 5 厘米，宽度方向上由两幅织物拼缝而成。四周一圈宽约 17 厘米的番莲纹样作边，中间是两条方向不同的升蟒。蟒的造型极为矫健，两蟒之间正中是一颗火珠，蟒周身布满了各种云纹。这件织物在织造时只是用一个花形织成重复的两段，这两段裁下之后，其中一段旋转 180

度之后对应拼缝起来，其尺寸较大，也许可以做北方的炕垫用。（图5-50）

2. 彩织树纹玛什鲁布[1]

此件作品收藏于故宫博物院，据说是乾隆时期新疆和阗地区织造的起绒织物珍品。（图5-51）其料长386厘米，宽41.8厘米，这种宽度是故宫所藏玛什鲁布的共同尺寸，均在40厘米上下。织造所用的地经为葡灰色，地纬为绿色棉线，两者交织成四枚经斜纹固结作地纹。这与其他的天鹅绒织物的地部固结结构相同，主要区别是其绒经使用了扎经染色方法，这种方法与新疆生产的爱得莱斯绸的扎经染色方法相同。即先将绒经分组，再用扎染的方法将各组绒经染出不同的花纹，再将这些绒经进行织造。但玛什鲁布的织造中有起绒杆，其结构能够织出绒圈，可以边织边割。

图5-51 彩织树纹玛什鲁布

玛什鲁布上所用的图案题材一般是沙漠绿洲人民所喜爱的植物，其中有松果纹、石榴纹、柏树纹以及各种各样的花卉[2]。这件彩织树纹玛什鲁布以绿色绒为地，以白、藏蓝、宝蓝、黄、红五色绒经织成。图案用的也是植物类的树纹，它有树和花的造型，但却很难区别具体树和

---

〔1〕 宗凤英：《明清织绣》，图录号173，商务印书馆2005年版，第151页。

〔2〕 Buby Clark. Central Asian Ikats from the Rau collection. V&A Publications, 2007, p33 ~38.

花的种类，这就是扎经染色织物图案的特点。同类纹样，可以在中亚乌兹别克境内流传的扎经染色天鹅绒中找到，但玛什鲁布织造精湛，构图新颖，用色富丽，晕色自然，又有自己的特点。

3. 绒画沈铨锦鸡图轴

图 5-52　绒画沈铨锦鸡图轴

绒画是一种在雕花天鹅绒上进行敷彩的工艺，它可与书画结合，达到特殊的装饰效果。此件绒画长 115 厘米，宽 64 厘米，画中两只锦鸡一高一低立于石上，均作回头观望状，石前两棵梧桐树枝繁叶茂，石后几丛竹子叶疏影斜。画面左上角款署为："乾隆丙辰仲秋仿宋人法南苹沈铨"，钤"福寿"印。右下角钤"苏州福寿织局"印。（图 5-52）

此件绒画的材料是雕花天鹅绒，其主要部分是天鹅绒的绒圈，颜色较浅，而部分深色区域如翎毛、石苔和桐叶、竹叶处则为割绒之后的效果。这类技艺在欧洲的雕花天鹅绒中也有出现，不过，欧洲的同类织物是一种印经织物，即先将图案印在绒经上再进行织造，而这里的敷彩绒画则是一种较为简单的敷彩，上色率和色牢度都不如印经天鹅绒，但其表观效果却与印经天鹅绒相去不大，是中国织绣艺术家的创新。

沈铨（1682—约 1760），字衡之，号南苹，吴兴（今浙江湖州）人，是清代著名画家。他曾东渡日本，对日本绘画影响很大，同时也吸收了日本传统绘画的优长，以精密妍丽见长。但是，画中之印为"福寿"，则应与清末绣女沈寿有关。沈寿原名雪芝，于 1904 年为慈禧太后贺寿时献上自己的绣品，大受慈禧褒赏，慈禧亲笔书写了福、寿两字分赠沈寿夫妇两人，因此而改名为“寿”。1914 年起，张謇为传播刺绣技艺，专门为沈寿创办女工传习所，传习所创办后的第七年(1920)，传习所人才渐众，作品渐多，沈寿为了打开销路，就成立了“绣织局”，沈寿自任局长，南通为总局，在上海九江路 22 号开设“福寿公司”，作为绣织局在上海的销售和运输机构。“福寿织局”的钤印表明这幅绒画应该就是沈寿创办的绣织局的作品，其年代应在 1910—1920 年间。

后　记

本书在写作过程中得到了以下机构和同行的大力支持和帮助，特此铭谢！

首先是位于加拿大多伦多的皇家安大略博物馆，我于 1999 年获 Veronika Gervers Memorial Fellowship，因此有机会赴多伦多进行了为期两个月的研究，主攻中国天鹅绒。其中，曾在 ROM 任职的 Louise Mackie 女士为我作了特别推荐，ROM 的纺织品部研究员 Anu Liivandi-Palias、沈辰和图书馆的王苍梅老师等为我提供了大量的帮助。

此外，中国的博物馆同行如北京十三陵管理处李德仲先生、苏州博物馆钱公麟先生、故宫博物院洪琪女士等，国外博物馆同行如比利时 Chris Verhecken-Lammens、纽约大都会博物馆屈志仁和 Joyce Denney 等，也为我提供了大量的研究资料。Cooper Hewitt 博物馆的 Milton Sonday 以及明尼苏达博物馆的 Lotus Stack 都对我的研究提供了具体的指点，加拿大的盛余韵教授和浙江工业大学的袁宣萍教授也就早期天鹅绒的出现和传播与我进行了交流。

在实地调研中，原南京云锦研究所总工程师戴健和苏州丝绸博物馆副馆长王晨为我提供了各种帮助。特别是王晨，我在写作开始之后才发现，她们在这一方面已经开展了很深入的调研，为我提供了极好的参考资料。

与此同时，中国丝绸博物馆的同行如薛雁、金琳、徐铮、罗群、张国伟、吴宏洲等也为我的研究提供了各种便利。

距离 1999 年在加拿大研究天鹅绒的日子已经超过十年，最终能在十年后重新开始整理天鹅绒的材料，一是与吴培华先生所在的苏州大学出版社策划组织《中华锦绣丛书》有关，这套丛书的计划出版使我终于下决心把天鹅绒的材料重新整理出来；另一方面则源于薛凤(Dagmar Shaeffer)博士在德国马普科学史研究所(The Max Plank Institute for the History of Science)组织了名为 Historical Systems of Innovation: The Culture of Silk in the Early Modern World (14th—18th Centuries)的学术讨论会，我选择了天鹅绒作为我报告的题目。

在最后的成书过程中，我感谢李、薛、吴等人的帮助。